图解灾害百科丛书

滑　坡

谢宇　主编

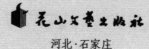
花山文艺出版社

河北·石家庄

图书在版编目（CIP）数据

滑坡 / 谢宇主编. -- 石家庄：花山文艺出版社，
2013.6（2022.2重印）

（图解灾害百科丛书）

ISBN 978-7-5511-1101-0

Ⅰ．①滑… Ⅱ．①谢… Ⅲ．①滑坡－灾害防治－青年
读物②滑坡－灾害防治－少年读物 Ⅳ．①P642.22-49

中国版本图书馆CIP数据核字(2013)第128637号

丛 书 名：图解灾害百科丛书
书　　名：滑　坡
主　　编：谢　宇
责任编辑：李倩迪
封面设计：慧敏书装
美术编辑：胡彤亮
出版发行：花山文艺出版社（邮政编码：050061）
　　　　　（河北省石家庄市友谊北大街 330号）
销售热线：0311-88643221
传　　真：0311-88643234
印　　刷：北京一鑫印务有限责任公司
经　　销：新华书店
开　　本：880×1230　1/16
印　　张：10
字　　数：190千字
版　　次：2013年7月第1版
　　　　　2022年2月第2次印刷
书　　号：ISBN 978-7-5511-1101-0
定　　价：38.00元

目　录

一、认识滑坡和崩塌

（一）滑坡和崩塌概述

崩塌和滑坡都是自然界中的重力地貌过程。它们和洪水、台风等自然灾害一样具有两重性，所谓两重性就是既有好的一面，也有不好的一面。好的一面是它们给人们带来了可利用的良好的土地资源，不好的一面是它们的发生不但突然，还具有多发性和群发性，这就给人们的生活带来了可怕的灾难。如今滑坡和崩塌已成为人类社会的重大灾害种类之一。

从古至今，人类就一直经历着滑坡和崩塌的干扰。对滑坡和崩塌记载最早的国家是我国，不过当时的人们并没有把滑坡和崩塌分得很清楚。常常将两者混为一谈，可实际上崩塌比起滑坡来不但规模有限，而且作用力也不同。但是那个时候人们把它们合称为"山崩"。除我国之外，古罗马也有滑坡和崩塌灾害的相关记载。

滑坡是山区常见的一种地质灾害，是斜坡上存在的软弱面或软弱带上的岩土物质作整体性下滑的运动。滑坡可分为四种类型：自然边坡，岸坡边坡，矿山边坡和路堑边坡。作为一种灾害，它的孕育和发生与人类的生活活动有着密不可分的联系。一方面，滑坡的发生对人类造成惨重的灾难和损失，有时候它独来独往，摧毁交通设施和通信设施，危及人们的生命和财产；而有时候它附着于其他灾难，"落井下石"，使得灾难

加重，处于更难救治的地步。例如，2008年5月12日，四川汶川发生8级地震造成了15000多处滑坡，这些滑坡明显受地震断裂带控制，滑坡面密度50%～70%。大面积的滑坡现象是因为地震使山体松动，加之暴雨的侵袭而引发，汶川地震触发的体积最大的滑坡是位于主中央断裂带上的安县高川大光包滑坡，滑动距离长达4500米，宽1700～2200米，滑坡堆积体长2800米，最大厚度达580米。这一滑坡不但摧毁公路，阻碍通信，而且还造成大量伤亡事故，据不完全统计，因滑坡直接造成死亡的有20000人左右，约占地震灾害全部死亡人数的1/4。但是滑坡的发生还有另一方面原因，就是人类的生活活动，科技发展使滑坡灾害发生得更加频繁，这也是值得人们深思的问题。

滑坡一般发生在多山地区。据20世纪90年代调查资料，如我国山城重庆市是发育和产生滑坡、崩塌灾害数量较多的地方，其中体积大于500立

方米的滑坡就有129处，另外还有58处崩塌。而我国的另一座山城——攀枝花市，计从建市后的20年间，就先后发生滑坡50多次。滑坡事件的发生往往就在一瞬间，不但具有群发性和多发性特点，还具有间接活动特点。例如，我国宝成铁路的熊家河滑坡，从1955年到1982年历经28年间，不断发生滑坡事件，整治，再滑动，再整治，其整修工程就耗资了820万元。由此可见，滑坡灾害是一种危害性很强的自然灾害。

1.滑坡和崩塌的概念

在重力作用下，斜坡上的岩石土块由于自身重量或受到如地震、人工爆破、暴雨等某些外因的触发，沿着斜坡做下移或坠落的运动，则被称为块体运动。块体运动不仅仅只有滑坡一种，它还包括崩塌和泥石流，但是这里我们主要说滑坡和崩塌。

（1）滑坡

前面我们说过了滑坡的定义，即在重力作用下，岩土物质沿斜坡作整

体性下滑的运动。这些受到触发力而运动起来的岩土体以水平位移为主，滑动体边缘部分则存在一些极小的翻转和崩离碎块现象，除此之外，其他部位相对位置变化不大。

滑坡由滑坡体、滑动面（带）、滑床、滑动台阶和滑坡壁等组成。其中滑坡体、滑动面和滑床为必然存在的滑坡三要素。

一般以黏土质为主的土层或泥质岩及其变质岩的分布区易发生滑坡灾害。滑坡的滑动面一般沿着破裂面、岩层面或透水层与不透水层之间的分界面发育。人工开挖的陡坎或者冲刷形成的陡岸最易产生滑坡。诱发滑坡的主要自然因素是地震、降雨和融雪等。

地震使斜坡上的岩土体内部结构遭到破坏，并且会促使原有的软弱面或软弱带重新活动，重新产生。降雨和融雪的水渗入岩土体的孔隙或裂隙中，一方面使岩土的抗剪强度降低，削减抗滑力；另一方面又使地下水位增高，产生浮托力，两力并存，形成滑坡。因此常有"大雨大滑，小雨小滑，无雨不滑"的现象。

滑坡的形成过程有快有慢，快的可能瞬间发生，慢的则需要发育几个月，甚至几年的时间。滑动移动速度通常较缓慢，但也有每秒几十米快速滑动的情况，一般这种剧滑现象出现在滑动中期阶段。

（2）崩塌

崩塌仍然是陡坡上的岩石土体受到重力的影响而发生的。但它并不是整体做下滑运动，而是突然、迅速地垮落至坡下的现象。规模大的崩塌称为山崩，是巨大的岩石山体下落形成的。崩塌一般发生在悬崖峡谷，或者是坡度大于60～70度的海、湖岸等陡峭地段，因为这种坡度的地段一般是由坚硬且有裂隙发育的岩石组成。崩塌易发生在层理、劈理或垂直节理发育倾向与坡向一致的地方。其速度较滑坡快很多，运动速度一般为每秒5～200米。

造成崩塌的原因是岩石中已有的构造裂隙和释压裂隙受到风化作用，导致断层不断扩大和发展的结果，这时候的陡坡已经处于极不稳定状态，一旦遇到触发因素，如地震、暴雨或不合理的挖掘、地下采空等，岩体就会发生崩塌。在自然界中，这些已经处于危险状态的斜坡上的岩土体，常被称为危崖。崩塌下来岩土体顺陡坡猛烈地滚动、跳跃以及相互撞击后堆积于山麓坡脚地带，主要为大小混杂，却棱角分明的粗碎屑物。

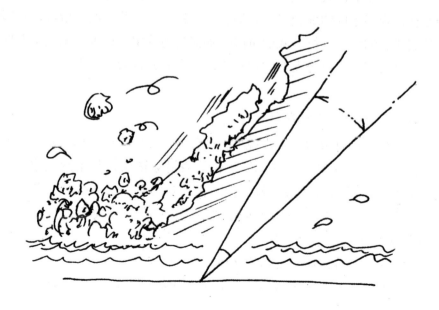

大规模崩塌会造成很严重破坏。它发生的突然经常会危及人们的生命，损毁交通和通信设施。例如，2001年7月28日，在四川省雅安市晏场镇五里村，因为暴雨导致了山体崩塌，造成5人死亡，1人受伤。同年7月30日上午8时，江西省乐平市塔前镇一采石场发生大面积山体坍塌，塌方坡面长70多米，造成15人死亡，13人失踪。

综上所述，滑坡和崩塌虽然都是受斜坡重力的影响，使块体变形，造成破坏运动的现象，但它们的发育规模、发生环境、成灾特征、运动规律等方面均存在着明显差异。因此对于它们的识别、预防、治理等方面也不尽相同。

2.滑坡的形态要素

滑坡发生、发展的过程并不是神秘不可知的，反而它有着明显而独特的一系列地貌形态。如滑坡后壁、滑坡侧壁、滑坡鼓丘、滑坡台阶、滑坡舌、滑坡趾、滑坡洼地（滑坡湖）、滑坡泉、滑坡堰塞湖等。此外，表征滑坡重要宏观现象的还有滑坡地表裂缝，它不仅仅是滑坡力学特征在地表的反映，还是滑坡特征的一部分。

不同类型的滑坡，同一类型但不同地段的滑坡以及滑坡发育的不同阶段都会体现出不同的地貌形态和地表裂缝特征。因此，通过滑坡地貌形态和地表裂缝的综合分析，我们可以更加清楚地认识、识别、鉴别出滑坡是否在此地带存在，已经发育到何种阶段或者其稳定状态及发展趋势为何，等等。

（1）滑坡的各部位特征

滑坡体：简称滑体，是指脱离斜坡母体、发生移动的那部分岩土体。

滑动面：简称滑面，又称滑动镜面或滑坡镜面，是指滑坡体沿其滑动的界面。滑动面通常很平整。但当滑坡是沿着一层数毫米、甚至数米厚度的剪切带滑动时，这个界面则被称为滑动带，滑动面一般就隐藏在滑动带中。

滑坡床：简称滑床，是指滑坡体以下的稳定岩土体。

滑坡后壁：是指因滑坡体的下滑而使滑坡主裂缝的外侧暴露出来的陡

壁。用滑坡后壁最高点的经度和纬度共同定位的那个滑坡位置点，称为滑坡顶点。

滑坡侧壁：是指位于滑动体两侧的陡壁。滑坡后壁与滑坡侧壁相互衔接，连续延伸。

滑坡洼地：是指由于滑坡体陷落而在滑坡后缘裂缝一带形成的洼地。

滑坡湖：是指由于滑坡后壁的地下水出露而汇集成的沼泽或积水洼地。

滑坡台地：是指因坡度变缓滑坡体表面形成的台地。

滑坡台坎：是指在滑坡滑动过程中发生分段解体时，在每段滑坡体之间形成的阶坎。

滑坡剪出口：是指在滑坡体的最前端，滑动面与地面所形成的交线。

滑坡主轴线：是指将滑坡体两侧边界中点相连，这条看不见的连线，就是滑坡主轴线。滑坡体运动各点在此线上应是速度最快的。一般线呈直线，但有时由于受到滑床的影响而呈现折线形或弧形。

（2）滑坡地表裂缝

滑坡发育过程中，滑坡地表裂缝是最早出现的地表特征，根据它的出现人们可以及时掌握滑坡的相关信息，采取必要的避险措施以及为自救赢得宝贵的时间。

拉张裂缝：拉张裂缝的形成是由于滑坡体向前、向下移动而产生在滑坡后缘位置的主要裂缝。刚刚出现的拉张裂缝呈断续状，随着发展最终连成一整条裂缝（带）。这条裂缝带又称主裂缝，它是滑坡发生的标志。岩质滑坡和土质滑坡的拉胀裂缝形状不尽相同，岩质滑坡的后缘裂缝呈锯齿形或直线形，而土质滑坡的后缘裂缝呈弧形。后缘裂缝的长度、宽度、深度也都因滑坡的移动距离、偏移方向，滑坡体的厚度的不同而各有差异。在主裂缝前后还可以见到一些拉张裂缝，前后不同的拉张裂缝所标志的情况现象也不同，位于前方的为滑坡体分级解体的标志。位于后方的标志的是滑坡后壁上岩土体的松动和失稳。

剪切裂缝：滑坡体的中部和前部的两侧易形成剪切裂缝，其形成原

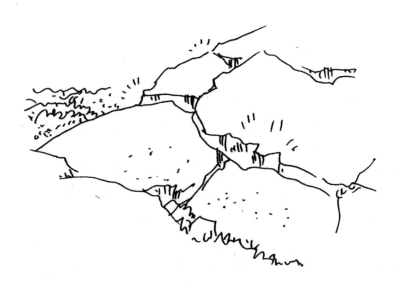

因是滑坡体的移动时与两侧的稳定坡体产生的剪切作用，而形成的地表裂缝。初期的剪切裂缝形状呈"X"，且众多的X形裂缝以雁行状排列。随着滑坡发育逐渐成熟，最终会在滑坡体两侧各发育成一条剪切裂缝（带）。

鼓胀裂缝：是指在滑坡体经过剪出口时，因为地表摩擦阻力的增大和地形坡度发生变化致使出现上拱断裂，又从而造成的横向裂缝。

放射裂缝：呈扇形分布。位于鼓胀裂缝的前方。是由于滑坡体向左、右扩张而发生的裂缝。

3.滑坡纵向分级运动特征

按照一定的标准，大多数滑坡运动纵向上可分为两级、三级或四级，甚至更多。根据滑坡运动过程中的力学特征，可以将滑坡运动分为三类，即牵引式、推动式和混合型运动。

（1）滑坡牵引式运动

斜坡前缘部分，即阻滑部分被某些因素渐渐削弱其作用，在失去支撑后，岩土体发生滑动现象，这就是产生滑坡的起因。后部的岩土受斜坡前缘坡脚部分滑动的牵引作用而产生滑动，使岸坡依次后退。其中，人为开挖坡脚和流水冲刷坡脚引起的岸坡滑坡是最为典型的例子。

（2）滑坡推动式运动

有可能产生滑坡的斜坡后部，受外加荷载作用和自身重力的影响，首先产生张裂变形，滑动面（带）也沿着软弱面由后到前渐渐发育起来，后部的滑坡推力传递、集中到斜坡前缘，即滑动面剪出口，当传递来的滑坡推力大于斜坡前缘岩土的强度时，滑动情况就会在坡体上发生，这就是滑坡的起因。在前缘滑动面剪出口，因为滑坡的类型是推动式滑坡而有较大的能量被集中起来，因此，滑速在滑坡开始时的瞬间比较大，产生的危害也相对大一些。1971年8月，四川省汉源县富林村四组发生了推动式滑坡。山间冲沟地形是滑坡区域。高近80米的侵蚀台地为滑坡岸，它有着45~60度的岸坡坡度，其对岸坡为近20度的缓坡耕地和原村民住地。地层为易滑地层，铲状近水平。在坡顶台地上，当地村民把旱地改为水田，

种了近0.3公顷的水稻。但是，田中的水在栽下水稻后不久便漏干了，而后，连续引水灌溉了三次，每次都是在不久之后又干了。一天凌晨，山体突然整体高速下滑，滑坡前部冲过冲沟跃上对岸缓坡，使得富林村近14户村民被埋，导致死亡人数超过40人。该滑坡是推动式滑坡，为一个典型范例。因为坡体的顶部地层有开裂现象，又多次灌水进稻田，使得滑动面自上而下的形成速度加快，应力（推力）快速转移集中至坡脚，强大的滑坡推力使得坡脚岩体不能抵抗，因此，就产生了高速滑动。

（3）混合式滑动

一个既有牵引式滑动，又有推动式滑动的滑动过程成为混合式滑动。比如，农历1943年正月初三，在青海省共和县（在今龙羊峡水库大坝上游6公里的右岸）查纳村发生的查纳滑坡就是混合式滑动。起初，在村后山坡中部平台下部，产生了有3000万～4000万立方米滑动方量的推动式滑动，而后，随着坡体下部起阻滑作用部位的丧失，无法再支撑整个大边坡，因此，产生了后山坡规模为6500万立方米滑动方量的牵引式高速滑动。之后，由于形成的高大滑坡后壁稳定情况并不乐观，出现了多条平行于滑坡后壁的弧形裂缝，而且，有方量大约为2500万立方米的错落滑移发生，此时的滑坡则属于后壁应力调整的牵引式滑动。

这三种滑坡都有一个共同的特征，即纵向上都可分级滑动。第一个滑坡分为五级滑动，分别由台阶、台坎区分，它是成都附近的成都黏土滑坡。第二个滑坡分二级滑动，它是昔格达组地层滑坡。此类滑坡在第一级主滑体滑动后，后壁会形成高近50米的陡壁，之后，后壁还会因为应力调整而发生再次滑动。第三个滑坡分为三级滑动，横向沟槽将一、二级分隔开来，滑坡湖则将二、三级分离开来。

4.横向上分块滑动特征

较大型滑坡大多具有横向上分块滑动的特征，其中，纵向沟槽将块与块之间分隔开来。根据堆积特征，因为侧向应力作用，在第二级主滑块启动后，次级滑块就会在主滑块两侧分别显示出来。

5.滑坡运动速度

滑坡有着极为复杂的运动特征，因为启动的时间不一致，所以有着不同的运动速度，在向前运动过程中，滑体各块体会发生相互撞击、推举和挤压的状况，其运动方向尽管仍是向前的，但随时都会发生一定的改变。对这样复杂的运动进行记录，到目前为止，还没有哪一种仪器能够做到。所以，只好模糊收缩这个复杂过程，将其作为一个均质块体来进行研究。滑坡运动属于变速运动，研究运动的主要内容是速度。由于蠕动型和慢速滑坡的滑动很慢，甚至呈现断续滑动的状态，因此，对于它们的观测，可以通过常规模式，再由运动学公式将其平均速度计算出来。

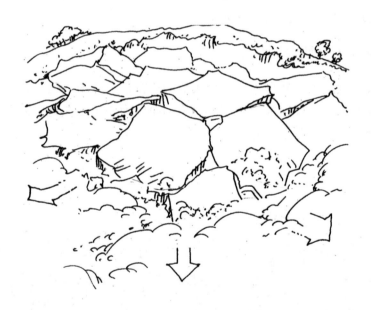

6.崩塌的形态要素

崩塌的形态要素比起滑坡形态要素要简单，其组成部分主要有崩裂面（壁）、底面、侧面和锥形堆积体。这些结构面通常都是发育、发展在软弱的地质结构面上，如层面、节理面等。

崩裂面（壁）：崩裂面位于崩塌体后缘。它的形成是由于坡体松弛、地应力释放、冰胀作用、地下水的静水压力、根劈作用等因素，造成坡体中，原生裂隙发育、扩张的结果。坡体上的岩土块受崩裂面发展的影响，逐渐弯曲或倾斜，以至于最终脱离母体引发崩塌事件。

底面：崩塌块体的底面与滑坡的滑动面有质的区别。其底面有些是原生的地质结构面，有些则是由于崩塌体弯曲、折断而发展起来的极粗糙面。

侧面：崩塌块体的侧面。一般这些侧面多为原生的地质结构面。

锥形堆积体：是指岩、土体在崩落下来后，于崩裂壁前方的缓坡或坡脚处堆积而成的碎裂岩或土堆。这些堆积体的形状常常呈上指崩裂壁中央的锥形，这些锥形堆积体紧贴岩土陡壁。多个崩塌锥形堆积体相连的现象则被称为崩塌裙。

7.崩塌运动特征

崩塌块体的运动不存在滑移现象，这点与滑坡有很大的差别，崩塌体

从地面开裂后，瞬间撕裂脱离母体，以高速运动临空坠落，整个运动会出现自由落体、推动、跳跃、滚动和碰撞等多种方式并存的复合过程。运动中，大岩土块会由于跳跃、碰撞而碎裂、解体成小块。

由于崩塌块体运动过程十分复杂，所以并不能像其他灾害那样做出能量传递、速度和坡面阻力等准确的测定。

8.滑坡、崩塌的分布范围

（1）全球性滑坡、崩塌灾害区域分布

发生在斜坡上的滑坡、崩塌是一种地貌灾变过程。从全球范围来看，地球的表面尽管只是由平地和斜坡两种地形单元组成，但是，它仍有着多种多样和极其错综复杂的形态。我们只要稍微留意一下，就能轻易看出平地的面积远远小于斜坡的面积。而且，只要是斜坡地形，滑坡和崩塌就有

产生的可能。在水底，特别是海底，也有极为突出的表现。在陆地，滑坡可能在坡度很缓的斜坡上发生。例如，在唐山地震区，地震液化作用不仅能轻易地对坡度在8度以上的地段产生影响，甚至能使5度以下的河流岸坡发生滑动。由此可见，滑坡、崩塌分布的全球性特征取决于斜坡地貌单元分布的广泛性。

（2）我国的滑坡、崩塌灾害区域分布

我国有许多山发生过多次不同程度的滑坡、崩塌灾害，从长白山到海南岛、从台湾岛至青藏高原都是有灾害发生过的区域。相比之下，在南北方向上，秦岭—淮河一线大致上与年降雨量为800毫米的等值线相吻合，以其为界，南部的滑坡、崩塌灾害分布较密，而北部地区则较稀少。在东西方向上，若第一阶梯东部以大兴安岭—张家口—兰州—西藏林芝一线为界，西部地区的滑坡、崩塌分布较稀少，东部地区的则较密；以第二阶梯的东缘大兴安岭—太行山—鄂西山地—云贵高原东缘为界，西部地区的滑坡、崩塌分布较密，而东部地区的则较稀少。其实，上述两线之间的山区，即第一阶梯的东部和第二阶梯上，如云南、贵州、四川三省，甘肃南部、西藏东部和黄土高原沟壑区，是我国的滑坡、崩塌灾害多发区、密集区的主要集中地；而台湾地区、闽浙丘陵和喜马拉雅山南麓则是其第二分布地。其他地区的滑坡、崩塌灾害主要在湖、河、堤坝、库岸边及道路边坡等部位发生。

（二）形成滑坡、崩塌的自然条件

滑坡发育的主要条件包括地质构造、地形地貌条件、地层岩性及水文地质与新构造运动等。这些地方存在明显的不稳定因素，岩层运动活跃，易受风化，软硬岩层交错，地下水变动幅度大都是发育崩塌事件的有利条件。

崩塌下落形式有散落、坠落、翻落等。崩塌的发育条件和滑坡比起来显得有些局限。首先要满足构成滑坡的大多数条件，而且必须同时具备陡峻的坡度，以及较大的地形高差和裂隙。

1.形成滑坡、崩塌的条件

（1）滑坡、崩塌形成条件概述

地球表面多数都是层状分布的岩土。在大峡谷中我们经常可以看到这种分层的岩土，这些层面表现的都很清楚。有些是趋于水平的，有些是倾斜的。造成滑坡的根本原因是重力。但重力在我们的生活中一直存在，更多时候重力是保持稳定的因素，即使沿面下滑，也构不成滑坡的条件。滑坡的发生是因为外界因素的影响而导致的，使得本来保持稳定的重力一下子变成了引起下滑的重力力量，且瞬间释放出来，就形成了滑坡。我们把那些外界的能够引起滑动的变化，称为滑坡的触发因素。

前面我们也提到了一些能够触发滑坡的原因，其最主要的三个原因是地震、水和人。

地震是触发滑坡重要原因之一，其触发的滑坡往往规模巨大，且造成极大的灾害。我国最大和世界上最大的滑坡都是由地震触发的。

触发滑坡的水主要是指连续的降雨和冰雪融化的水，使土壤饱和润滑、浮升，造成滑坡。

再者就是人为的不合理的开挖，破坏了山体的力学平衡，导致滑坡的产生。

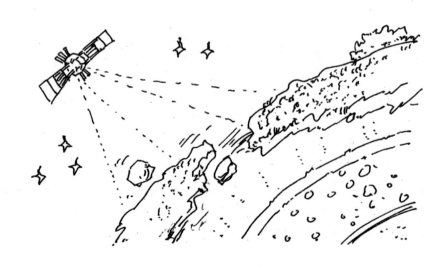

（2）滑坡、崩塌形成的地质构造条件

顺层、缓倾、陡倾、层面、节理、裂隙等直立的坡体软弱结构面都是引发滑坡、崩塌的主要条件。在自然界中，滑坡、崩塌多发于断层破碎带。因为岩土块体由于受重力的影响，而作弯曲滑移运动，这个时候软弱结构面就会成为控制滑坡、崩塌规模及其性质的重要边界条件。

滑坡发育与地质构造背景有非常紧密的联系，因为在地质构造发生运动时，会促使坡体内形成各种各样的软弱结构面，有些则是形成滑坡和崩塌边界的重要条件，例如，原生软弱夹层、沉积间断面、裂隙、劈理、节理等。

以下几种情况为可发展成为滑动面的主要软弱结构面：

由本地堆积层和外来堆积层共同组成的堆积层界面，这种不同岩性的堆积层界面可发展成为软弱岩。

覆盖层与岩层的界面，它们之间的差异使界面既是岩性界面，又是水

文地质界面。因此比较容易发生滑坡。

软弱夹层面。

缓倾的岩层层理面。

层理面、裂隙面是由泥质、黏土充填组成的。

缓倾状态的大型节理面。

由断层泥、断层面形成的界面。

潜在的软弱面。

以下几种情况为可发展成滑坡后壁、侧壁的主要软弱结构面：

各种陡倾节理。

陡倾的断层面。

沉积边界面。

在实际情况中，我们还要十分重视在滑坡发育中坡体卸荷裂隙的作用。卸荷裂隙在坡体中普遍存在，无论坡体高矮，卸荷裂隙对原生结构面和构造结构面增长和扩宽也有十分显著的作用。这种作用能切割坡体，使其更加破碎。有时候还会出现新的卸荷裂隙，平行或略陡于坡面的缓倾角呈现出来，这种卸荷裂隙会逐渐发育成剪切面，进一步促使滑坡和崩塌地发生。

（3）滑坡、崩塌形成的外部条件

降雨：据调查统计，80%以上的滑坡、崩塌发生在雨季。一场降雨过程中或之后，是最容易发生滑坡、崩塌的时间。

雨水对坡面产生的三个作用：

侵蚀、软化作用。雨水对岩土颗粒有很强的侵蚀软化作用，尤其是软弱岩，因为其不透水而使雨水得以在上面有短时的滞留，这就更加剧了雨水对岩土的侵蚀作用，受过侵蚀的岩土的抗剪强度明显减小，由此促使了滑坡和崩塌的产生。

增重作用。受到雨水渗透的岩土体自身重力迅速增大，而且雨水在渗入地下后产生的静水压力和动水压力，使本来极限平衡的状态转变为滑动状态，诱发滑坡的发生。

水劈作用。当大量的雨水渗透或流入拉张裂缝后，裂缝中的水就会产生较大的侧向压力，将裂缝壁向两边推开。促使滑坡、崩塌灾害的发生。

降雨历时和降雨强度都对滑坡、崩塌有明显的影响。实际情况表明：降雨历时越长，降雨强度越大，滑坡、崩塌发生次数也就越多。很多时候连续降雨甚至比短历时暴雨还更容易引发滑坡、崩塌灾害。

地下水：地下水活动会影响到滑坡、崩塌块体的稳定性，而地下水大多也来自降雨。主要表现在：

当地下水充满块体周围界面时，水对块体有静水压力和浮托力；

当地下水充满在块体周围裂缝中时，流动的水对块体产生动水压力；

地下水对岩土层裂缝内的充填物有软化作用，并在流动中将细颗粒带走，导致缝内充填物凝聚力的降低。

地表水：在滑坡、崩塌的发育中起着较为复杂的作用，主要表现在：由于降雨而产生的坡面径流，会随着运动逐渐渗入坡体内，成为地下水；江、河、湖、海等地表水，对岸坡有冲刷、淘蚀的作用，尤其是在正常高水位和最低水位之间的软质岩层，更易发生滑坡和崩塌；当横向环流对河流凹岸造成冲刷作用时，容易引发滑坡、崩塌；我国北方春融期的浮冰对

岸坡塌岸有明显的促进作用；地表水体的水位升降，与地下水位变化有直接的联系，从而对岸坡滑坡的发育起了促进作用。

地震：引发的滑坡往往规模庞大。因为地震力对坡体的影响是双方面的，一方面是水平震动，一方面是垂直震动。水平震动促进滑坡的发育，上下垂直振动致使坡体松散，从而引发滑坡、崩塌。例如汶川地震诱发了许多规模巨大的滑坡、崩塌。其中北川县城滑坡和唐家山堰塞湖滑坡就是典型的实例。虽然降雨对滑坡和崩塌有所影响，但是诱发如此巨大规模的滑坡、崩塌，仅仅依靠降雨是无法完成的，这就是地震力起的作用。可见地震力对滑坡和崩塌的发生和规模是何其巨大。

温度：温度变化对滑坡、崩塌的发育有特殊的作用。

各种矿物的膨胀系数和导热性都有所不同，这些矿物共同构成的坡体地层引起的温度变化的热源也不同。有些温度变化是自然气候引起的，例如日温差变化、季节温差变化、年温差变化等，主要是作用在坡体表面，而有些是自然能源引起的，例如火山、地下煤层自燃等，这些热源主要是作用在坡体内部。因为热源是多方面的，导致的温度也会出现不均匀状

态，以至于坡体地层同时交错受到收缩应力和膨胀应力两个不同的力，故而加快了岩层的风化，对滑坡和崩塌的发育起到了推进作用；由于温度的变化，坡体上的块体出现热胀冷缩效应，致使长期呈现超坡下位移的总趋势；水对温度的变化反应敏感，在裂缝中温度较低，当温度下降到一定程度时，水变成冰，体积增大，造成膨胀力作用于裂缝壁，对坡体产生"冰劈作用"，故此加速了滑坡、崩塌的发育。

植被：对于滑坡和崩塌的作用存在双重性，一方面它能用来防护、减缓灾害，用其粗大的树干给滑坡和崩塌物以阻碍，使之速度降低，缩短运动距离。而且根深的灌木和草还有固坡、防治表层滑坡的作用。另一方面则是起促进滑坡和崩塌发生的作用，植物根系生长在裂缝中，将裂缝不断根劈扩大，加之根部分泌的有机酸能够分解矿物，故而致使其分裂，引发滑坡和崩塌的加速发育。

2.滑坡、崩塌发生的最佳斜坡

滑坡和崩塌在运动过程中，都是由高至低，由上至下做下移或是下落运动的，所以其发生的地形条件必须具有斜坡坡度、高度和斜坡几个基本形态。

（1）滑坡、崩塌发生的最佳斜坡坡度

滑坡、崩塌的发生概率与斜坡坡度有密切的关系。大致可分为四级：

斜坡坡度小于10度，属于滑坡少发地形。

斜坡坡度为10～20度，属于滑坡多发地形。

斜坡坡度为20～35度，属于滑坡极多发地形。

斜坡坡度大于35度，滑坡分布逐渐减少，而崩塌分布逐渐增多。

由以上可见，坡度在21～35度的地段上滑坡分布最广，所以将这个坡度定为滑坡发生的最佳坡度。

（2）滑坡、崩塌发生的最佳斜坡形态

自然界的斜坡形态可从两方面分析：斜坡横向形态和斜坡纵向形态。

斜坡横向形态：一般是指顺沟河延伸方向出现的"凸"型坡、"凹"型坡和顺直坡。除顺直坡比较稳定外，其余的两个坡型都不能避免滑坡和崩塌事件的发生。其中"凸"型坡较陡，容易引发崩塌和大规模滑坡灾

害。如果是山嘴比较单薄，则只利于崩塌的发生。"凹"型坡大多是残留下来的滑坡体后壁，常常有地表水和地下水在此汇集。上面我们提到了地表水和地下水对滑坡、崩塌的作用，从而可知，"凹"型坡也是滑坡的发育地段。

斜坡纵向形态：一般是指垂直于沟河延伸方向出现的阶梯状陡坡、缓坡—陡坡和直线状陡坡、陡坡—缓坡四种形态的坡型。中大型滑坡一般发育在阶梯状陡坡形和缓坡—陡坡形地段，此外，因为缓坡—陡坡形中包括了很多沟源头沟掌地形，这种地形由于受到沟头溯源的影响，使得侵蚀严重，这也是经常引发滑坡的原因。崩塌易发生在缓坡—陡坡形地带。

河流宽谷属于陡坡—缓坡形地段，不易发生滑坡、崩塌事件。在冲沟的中游和上游一般多为直线状陡坡形地带，这种状态的斜坡一般没有大型的滑坡和崩塌事件，但到处可见小型残积滑坡和坡崩积碎石土滑坡，俗称山剥皮。

但如果出现横向的"凸"型坡与纵向的缓坡—陡坡形相接连的复合地形，则会形成引发大型滑坡和崩塌的最佳坡度。

（3）坡高的影响

滑坡的规模与相对坡高也有联系：

相对坡高10米以下，一般不会发生滑坡；

相对坡高10~50米，易发生小型滑坡；

相对坡高50~100米，多发生中型滑坡，

相对坡高100米以上，易发生大型滑坡。

20米以上的斜坡，发生滑坡和崩塌的概率最大，而且，随着坡度的加大，滑坡和崩塌的规模也会随之增加。因此，曲流的凹岸、冲沟沟壁、陡崖和高山峡谷段岸坡等都是滑坡、崩塌的多发地带。

（4）有效临空面

斜坡坡面又称临空面，有效临空面则是被结构面切割后的岩土体，有与母体脱离的危险并与临空面组合的危险斜坡。当然并不是所有的坡面都会转化为有效临空面，就算一个坡体处于一面临空、两面临空或三面临空状，但构不成危险的话，也不是有效临空面。

3.滑坡、崩塌形成的地层岩性条件

容易发生滑坡或崩塌的岩性具有以下特点：

坚硬，但是很脆的岩体容易发生崩塌。

一些由巨厚层的沉积岩与下伏软弱层构成的高大坡体。

软弱底层容易遭风化，由软弱地层和坚硬底层共同形成的坡体，会呈现出不稳的状态，导致崩塌和滑坡的发生。

岩浆岩构成的坡体，这样的岩层容易被切割、穿插，以致崩塌和滑坡的发生。

变质岩构成的坡体，这样的坡体内节理和劈理极其发育，故而容易引发滑坡和崩塌。

虽然能发育滑坡和崩塌的岩土物质很多，但并不代表所有的岩土物质都能产生滑坡和崩塌。通过调查和统计发现，能引发滑坡的岩土物质地层存在一定的局限性。

容易引发滑坡和崩塌的岩土物质地层，除了其本身经常发生滑动外，它们的风化破碎产物和覆盖在它们之上的外来堆积层也极其不稳定，容易产生滑动，故而这些地层被称为"易滑岩组"。与易滑岩组相对，几乎没

有或者不存在覆盖层滑坡，只有一部分基岩滑坡的地层，被称为"偶滑岩组"。除易滑岩组、偶滑岩组之外的岩组全部归为稳定岩组。

（1）易滑岩组

易滑岩组，又称易滑地层。这种岩性组合极易发生滑坡。但并不是所有的易滑岩组都已经发生了滑坡，有些只是具备所有易滑岩组的组成特性，但是不管是否已经发生过滑坡，只要具备其特性，便全部划归为易滑岩组。易滑岩组一般由呈区域性分布的黏性土、泥质粉、泥岩、泥灰岩、页岩、细砂岩、软弱岩、偶夹硬质岩地层、某些变质岩（千枚岩、片岩、板岩等）和富含泥质的岩浆岩组成。

自然界中，易滑岩组的易滑特性表现明显，其很大程度上是因为覆盖层滑坡的大量出现。因为在易滑岩组出露区内，覆盖层滑坡数量有时甚至大于易滑岩组本身的滑坡数量。

易滑岩组地层本身是软弱岩层、松散堆积物，或者是硬质岩层夹杂

有软弱岩层。这些岩层抗风化能力差，使其被风化成含有大量的黏土、泥质颗粒的状态。一旦遇水，这些岩层中的黏土和泥质颗粒就会发生软化和泥化，形成极薄的黏粒层，抗剪强度会因此而急剧下降。这是因为黏粒中含有蒙脱石、水云母、绢云母、石墨（或炭质）以及高岭石、绿泥石、滑石、石膏等黏土矿物，这些矿物易形成定向排列的薄层，对水的吸附能力很大，而且具有很强的胀缩性和崩解性。

（2）偶滑岩组（又称偶滑地层）

由偶夹软弱岩的硬质岩组成的岩性组合被称为偶滑岩组，但硬质岩沿着某一薄层软弱岩夹层滑动的情况只是发生在偶然情况下，在硬质岩层内很难发生滑坡。

（3）稳定岩组

稳定岩组可以说是很顽固的一种组合，顽固到这种岩性组合无论在何种情况下，其内部都不可能发生滑坡现象。但是这种稳定岩组有时候会跟随易滑岩组或偶滑岩组的顶面发生滑动，但这并不意味着稳定地层本身具备易滑特性。

4.降雨与滑坡的关系

在前面介绍滑坡形成条件时，我们曾介绍过降雨这一因素。由上可知，降雨是导致斜坡失稳最主要的触发因素之一。且降雨是人们生活中常见的一种自然现象，故而它和我们的距离可以说是很近，所以在此我们对暴雨频次、降雨历时、降雨量、降雨的周期变化和雨型等方面对滑坡的影响做一些详细探讨。

（1）滑坡发生与暴雨频次和降雨周期的关系

有关统计资料表明：在我国境内，暴雨与滑坡发生的频次最高的是7月份，其中暴雨频次占总数的30%～44%，滑坡占统计总数的31%～35%，当然这是全国平均数，并不代表某个具体区域，例如川北山地和甘南地区，暴雨与滑坡的次数最多的时候则是8月份，分别占总数的39%和57%；6月份发生滑坡最多是四川岷江的上游地区，占总数的31%，等等。

一个区域的降雨具有一定的规律性，这种规律性则被称为降雨周期，分为月周期、年周期等，但统计滑坡的周期一般是以年来计算的。如果在同一个区域内的不同地点发生大量的滑坡，那么这属于较短的周期特征，一般持续时间在1～10年之间。若是同一区域内同一地点重复发生多次滑坡，则这属于较长周期特征，一般至少会持续10年以上，甚至可持续几十年。前面我们也提到滑坡一般会发生在降雨中后时段，更多的滑坡会发生在降雨后，一般不超过10天。根据坡体组成物质的不同，滞后的时间长短也不尽相同。例如堆积土形成的坡体滞后的时间会短些，而由基岩形成的坡体滞后的时间比较长。并且同一个物质组成的坡体不同的厚度也会影响到滞后的时间，因为厚度高的坡体雨水渗透用时也会长，所以厚度越高，发生滑坡的时间越滞后，反之则越短。

（2）滑坡发生与降雨总量和降雨强度的关系

降雨型滑坡除了受降雨周期的影响，还受降雨量、降雨强度和降雨历时等因素影响。降雨导致滑坡的临界值要根据不同地区的具体情况而定。

调查统计发现：

累积降雨量在50～160毫米、日降雨量在20毫米以上，会发生小型浅层滑坡；

累积降雨量在150毫米以上，日降雨量大于100毫米，会出现中等规模的堆积层滑坡和破碎岩土；

累积降雨量在200～350毫米以上，日降雨量大于100毫米，会产生大型和巨型滑坡，且出现大量滑坡事件。

此外，同一规模不同类型的滑坡，所需降雨量也不尽相同，例如基岩滑坡要比土层碎屑滑坡需要更大的降雨量。同一类型不同规模的滑坡，则滑坡规模越大需要的降雨量也就越大。

（3）滑坡与降雨形式的关系

暴雨型和久雨型对触发滑坡的降雨量有着非常明显的影响。暴雨型以暴雨和大暴雨为主，并与大雨和特大暴雨组合，形成一个持续时间为2～3天的连续降雨过程；久雨型以大雨、中雨为主，并与小雨和暴雨结合，历时6～10天，雨停时间间隔在2天以内。

暴雨型和久雨型在同样的地质地貌条件下，触发滑坡的日降雨量和累积降雨量存在着明显的差别。暴雨型触发滑坡的累积降雨量比久雨型低。

5.引发滑坡、崩塌的人为原因

滑坡和崩塌灾难的产生不仅仅来源于自然因素，某些不合理的人类活动也促使了滑坡和崩塌灾害的发育和发生。

常见不合理的人为因素有以下几种：

不合理的开挖工程是导致滑坡和崩塌的最常见因素。为了建造生活设施等，开挖施工时没有进行合理的考察，从而因为开挖破坏了山体或者坡体的平衡。

在自然界中地震引发滑坡和崩塌的主要原因是因为地震力的作用，而人类用大量的炸药作爆破，这种做法犹如人工制造地震，使边坡表部松动，引发滑坡和崩塌。

工业废水、筑坝拦水、水库和水渠渗漏、农田灌溉、城镇生活用水都可能引发滑坡，因为水渗入坡体后，会软化岩土层，诱发滑坡。例如四川省汉源县东沟昔达格地层滑坡，致使滑坡的原因就是新开稻田灌水渗漏引起的。

在坡体上堆积重物，使坡体负重量加大，致使滑坡、崩塌灾害的发生。

大肆采矿，不注重管理而引发的崩塌和滑坡事件屡见不鲜。

乱砍滥伐导致水土严重流失，造成滑坡灾害。

综上所述，我们不难看出，对于滑坡和崩塌的诱发，人类也占据了不可忽视的地位。不注意坡体的水土保护，滥砍滥伐；不加强水渠、水库的堤坝管理，使水大量渗入山坡中，都是导致滑坡和崩塌的因素。

还有要注意的是，并不是所有表面看起来是自然因素引起的滑坡、崩塌或者是其他灾害，人们就可以推卸责任，因为许多时候，自然因素的形成，首先是人为因素促成的。例如为了工业的发展和获取高额的经济利润，对山体的开挖和矿物的乱采致使山体结构失去本有的平衡。人们砍伐

树木，改田耕种，不但造成了水土流失，还因为灌溉农田致使水下渗，对坡体产生作用，从而诱发滑坡和崩塌的发生。

滑坡已经慢慢逼近人类的生活圈子，如今城市中发生滑坡灾害的系数已经大幅度上升，且一次又一次地敲响警钟。不按照城市整体规划自行施工和城市开发建设过于迅猛等都是造成城市发生滑坡的原因。

（三）水库滑坡

1.水库滑坡概述

水库库岸的稳定对水电工程建设的顺利进行及正常运营意义重大。各国地质工程师以及学者都很重视人类工程活动与周围地质环境之间的相互作用。国内外已经建好和正在建设中的水电站绝大多数都存在库岸稳定性问题，如我国的黄河小浪底水利枢纽工程、长江三峡水利工程、金沙江溪洛渡水电站工程、雅砻江二滩水电站工程、黄河李家峡水电站工程等。

水库库岸滑坡的危害主要包括以下三个方面：

大量的岩土体滑入水库中，大大减少了水库的有效库容，有的甚至把水库变成石库或泥库，导致水库被废弃；

滑坡直接摧毁人类工程建筑物，如厂房、大坝等；

滑坡体高速滑入水库中，造成巨大的涌浪，直接危及下游的大坝和人民生命财产的安全。

随着科学技术的不断进步，世界各国经济迅速发展，库岸滑坡受到人们越来越多的重视，并对其做了大量的研究。目前，水库库岸滑坡的研究主要包括以下五个方面的内容：

对水库岸坡的水文地质环境进行研究；

对滑坡的变形破坏机理进行分析；

对滑坡的稳定性进行计算和评价；

对滑坡失稳破坏做出预测预报；

制订合理而又经济的滑坡防治措施。

由于问题本身比较复杂，目前对以上几个方面的研究没有取得突破性的进展，尤其是在库水诱发滑坡的内在本质和成因机理方面还有许多问题需要深入探究。

2.库水诱发滑坡机理分析

许多学者对于库水诱发滑坡成因机理做过大量研究。研究结果表明：水库库岸滑坡除了具有一般滑坡的基本特征外，还具有其特殊性。特殊性在于水库运营和水库蓄水所赋存的地质环境不断发生变化。主要表现在以下几个方面：

水库蓄水造成岩土体的悬浮减重效应和强度软化效应可能改变滑坡体的稳定形态；

库水位的升、降骤然变化产生的动水压力可能诱发滑坡体的变形与破坏；

在蓄水过程中，处于水位面以下的岩土体在水库水位下降过程中可能会发生固结沉降，从而导致坡体的变形，造成破坏；

水库的蓄水有诱发地震的可能，而地震可能触发滑坡。

3.水库滑坡类型

根据典型滑坡的地质条件及水库蓄水后的变形特征，可以将水库滑坡分为直接诱发型、间接诱发型两大类。

（1）直接诱发型

直接诱发型是指库岸滑坡在库水的作用下产生变形或失稳，其主要包括软化效应及悬浮减重效应诱发型、动水压力诱发型和库岸再造诱发型三大类。

软化效应及悬浮减重效应诱发型：是水库诱发滑坡最常见的一种类型，软化效应主要表现为水岩相互作用，滑带在水的作用下软化，物理力学性质下降，并且这种软化具有不可逆性。研究表明，悬浮减重效应对库岸滑坡抗滑段有着主导作用，而软化效应对滑坡的促滑段的影响比较明显。

动水压力诱发型：水库蓄水以后，因为抗洪或者发电，库水位下降常常产生渗透动水压力。这种压力一般和滑坡的滑动方向一致，从而导致滑坡发生滑动变形。当滑体内有透水性比较弱或者不透水岩土层存在时，库水位骤降对滑坡的稳定性就更加不利了。

库岸再造诱发型：水库蓄水以后，必然产生库岸再造，大量研究表明，库岸再造影响范围在库水位以上30～50米。在如此大的范围内，由于岸坡的坍塌和库水的掏蚀对坡体的稳定性产生非常不利的影响。尤其是坡体的抗滑段处于库岸再造影响范围，坡体的稳定性就会变得更差，严重的甚至会失稳。

（2）间接诱发型

间接诱发型指的是水库对滑坡产生的作用是间接的，一般表现为水库蓄水和其他诱发因素组合或在水库对滑坡改造的基础上被其他诱发因

素所利用。分成两个类型：蓄水加水库诱发地震组合型和水库蓄水加暴雨组合型。

蓄水加水库诱发地震组合型：有资料统计，世界上已经建成的水库中约有1/1000曾发生过水库诱发地震，世界上已发生的132例水库诱发地震中，在我国发生的就占22例，成为世界上发生水库诱发地震最多的国家。印度学者古哈曾对此种类型情况做了专门的研究，研究认为水库诱发地震的上限为7级。其中6级以上的地震实例也有很多，例如我国的新丰江水库6.1级、希腊的克里马斯塔水库6.3级、印度的柯依纳水库6.5级等等。甚至还出现过我国新丰江水库诱发地震震中烈度达到8度，右岸坝段产生82米的裂缝，同时也诱发库岸滑坡。水库诱发地震的震中分布于库区，十分不利于库岸滑坡的稳定。

水库蓄水加暴雨组合型：水库蓄水本身不足以使库岸滑坡发生破坏，但往往会促使其产生变形，地表出现大量裂缝，这就为地表水在滑坡体内富集和运移提供了有利条件，从而促使滑坡发生滑动破坏。长江鸡扒子滑坡就是这种现象的最典型例子，连续降雨造成长江水位猛涨，以致鸡扒子滑坡发生了地表开裂的变形状况，雨水灌入裂缝导致鸡扒子滑坡的情况进一步恶化。

需要值得注意的是：水库蓄水只是诱发和促进因素，滑坡变形造成破坏的本质原因在于滑坡体特定的地质结构构造和特殊的岩土体力学作用方式。

4.水库蓄水对滑坡的影响

水库库岸滑坡的危害主要表现在两个方面：一是大量的岩土体落入水库中，侵占了一部分的有效库容，甚至形成"坝前坝"，使水库不能继续使用；二是滑坡体高速滑入水库，造成的巨大涌浪，直接对大坝的安全及电站的运营造成威胁。

水库库岸滑坡存在一般山地滑坡的共同特点，也存在它特有的一面。这种特殊性主要表现在它的活动与库水位的升降有很大的关系：

因为滑坡及其他因素的影响，水库在蓄水过程中极有可能会诱发水库地震，此外水库水位上升也会导致坡体浸水体积增加，减少了滑面上的有效应力或抗滑阻力，部分滑带饱和后强度降低；

水库水位骤然下降时，但是坡体中的地下水位下降速度则相对滞后，可能会导致坡体内产生超孔隙水压力。所有这些都会对滑坡的不稳定性创造有利条件。

（四）滑坡、崩塌常见的分类类型

1.滑坡的不同分类

（1）按滑坡体物质分类

此类滑坡可分为三种类型，即土质滑坡、半岩质滑坡和岩质滑坡。此外，按照物质的类型和性质，还可以对其进行更为细致的分类，这里，我们就不一一列举了。

（2）按滑坡诱发因素分类

20世纪70年代以来，根据诱发滑坡的主要因素，人们将其划分为多种类型，如：地震滑坡、暴雨滑坡、冲刷滑坡、融冻滑坡、侵蚀滑坡、渗漏滑坡、加载滑坡、人为（工程）滑坡和液化（浮涌）滑坡等。

（3）按滑坡发生时代分类

此类分类方式比较特殊，可将滑坡分为三种类型，即新滑坡、老滑坡、古滑坡。它是以河流侵蚀期作为划分滑坡发生时代的依据的。

（4）按滑坡体规模大小分类

以滑体体积反映滑坡规模大小为主要指标，将其分为：

微型滑坡：此类滑坡的规模最小，体积在1万立方米以下；

小型滑坡：此类滑坡的体积在1万～10万立方米之间；

中型滑坡：此类滑坡的体积在10万～100万立方米之间；

大型滑坡：此类滑坡的体积在100万～1000万立方米之间；

特大型滑坡：此类滑坡的体积在1000万～1亿立方米之间；

巨型滑坡：此类滑坡的规模最大，体积在1亿立方米之上。

（5）按滑坡的运动速度分类

根据滑坡在滑动过程中的速度，将其分为：

蠕动型滑坡：此类滑坡的滑速最慢，在0.1米/秒以下；

慢速滑坡：此类滑坡的滑速在0.1～1.0米/秒之间；

中速滑坡：此类滑坡的滑速在1.0～5.0米/秒之间；

高速滑坡：此类滑坡的滑速在5.0～20米/秒之间；

剧冲型滑坡：此类滑坡的滑速最快，在20米/秒以上。

（6）按滑坡受力状态分类

此类滑坡与力有关，所以，可以根据受力情况将滑坡划分为：

牵引式滑坡：此类滑坡首先发生滑动的部位是滑坡体前部，由于失去支撑，后部坡体随即也会发生滑动情况，滑坡范围的扩展状况是由前向后的。

推动式滑坡：此类滑坡与牵引式滑坡不同，首先发生滑动的部位是滑坡后部，然后，由于推挤作用，前部坡体随即也会发生滑动情况，滑坡范围的扩展状况是由后向前的。

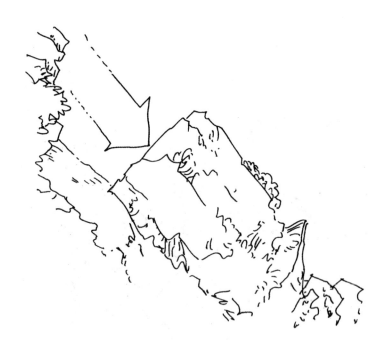

混合式滑坡：结合以上两种滑坡的特性，在前后共同作用力下发生的滑坡。

滑坡体的力学特征和发展趋势的判断受益于这种分类方案，它是一种常用的分类方法，能够合理地布置有效滑坡治理工程。

（7）按滑动面埋藏深度分类

为了满足工程上的需要，可以按照滑移面的埋藏深度将其分为：

表层滑坡：此类滑坡极易施工，其滑面埋深在3米以下；

浅层滑坡：此类滑坡容易施工，其滑面埋深在3～10米之间；

中层滑坡：此类滑坡可以施工，其滑面埋深在10～30米之间；

深层滑坡：此类滑坡施工有困难，其滑面埋深在30～50米之间；

超深层滑坡：此类滑坡很难施工，其滑面埋深50米。

（8）按易滑岩组分类

可以根据易滑岩组种类将滑坡分为10种类型，即融冻滑坡、偶滑地层滑坡、成都黏土滑坡、红色地层滑坡、煤系地层滑坡、玄武岩地层滑坡、半成岩地层滑坡、千枚岩地层滑坡、砂板岩地层滑坡、黄土滑坡与

红色黏土（岩）滑坡。此处，我们只把红色地层滑坡和煤系地层滑坡作为重点介绍。

红色地层滑坡：红层是一套中生代红色、紫红色砂页泥岩互层地层的简称，它分布于中国西南地区。受其中遇水后易泥化、软化的页岩和泥岩的影响，倘使出现岩层与坡向相同的倾向情况，那么，顺层滑坡和这套地层的松散堆积物沿岩层风化面，就很容易发生基岩面滑动的情况，而由红层所形成的滑坡堆积物则更容易发生再次滑动的情况。地表水下渗的通道往往就是红层中的陡倾角裂隙，当出现暴雨时，坡体极易突然滑动，因为暴雨会形成极大的孔隙水压力。不过坡体很快就会恢复稳定状态，因为孔隙水压力会随着坡体的滑动大幅度降低或立即消失掉。

1982年、1989年和2002年，重庆市境内和四川东部因为暴雨，致使孔隙水压力突然增大而引发了滑坡，其中有85%以上就是在红层中发生的。鸡扒子滑坡就是最为典型的一个实例，它是在侏罗系地层中发生的老滑坡

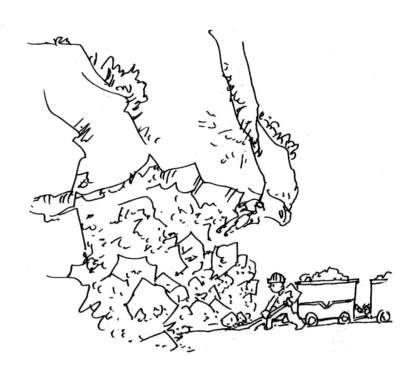

的局部复活现象。尽管该滑坡在多年之内都是稳定的，但是，1982年7月18日14时，连续的暴雨使得它再次快速滑动起来，在几个小时之内，就滑移了100～300米，其滑坡体有1200米长，300～850米宽，体积估计有1300万立方米，最后，滑坡前部进入了长江。连续的暴雨和暴雨过程中因小滑坡引起的侧方石板沟堵塞，使得坡体完全承载了上游的汇水，从而使空隙水压力不断增大，引发其复活。

红层滑坡的规模有小有大，其中，小的滑坡体积仅仅数千立方米，而大的滑坡体积可达数千万立方米，有着相当大的差距。此外，其滑动速度也有着较大的差异，这受孔隙水的压力或滑动面的倾斜度的限制，如果滑动极为快速，那就说明孔隙水压力很大或滑动面较陡。

煤系地层滑坡：一些灰色砂页泥岩地层中含有的煤层常被称为煤系地层，它分布在中国西部地区。上覆地层沿煤层或其顶、底板黏土岩层滑动的现象就常常发生在煤系地层中。此类滑坡往往有着很大的规模，在贵州西北部煤田区和川南煤田区，就有一些是巨型滑坡。此外，还有次一级滑坡经常发生在这些巨型滑坡之上。较易发生滑动的还有煤系地层所形成的松散堆积物。

这里有一个煤系地层滑坡的典型实例，即贵州大方县城里的古滑坡。该滑坡体有着极大的规模，其长为2300米，平均宽为1600米，体积约4.4亿立方米。滑坡体有着明显的分级，能清楚地辨别滑坡平台、阶坎，有出水点广泛分布在沿各级滑坡间的阶坎处。随着城镇人口的不断增加，生活与生产中的大量废水随着坡体漫流而下，又没有对原有的排水系统进行修补，因此，导致几处表层滑坡得以复活，造成损失与灾害。四川古蔺县复陶—柏阳坝古滑坡，可以说是中国滑坡之最，滑体的平均厚度为250米，最厚处达到300米，表面积为10平方千米，体积竟达25亿·30亿立方米。因为滑动，其上部的煤层已经随着坡体而流失，尽管如此，滑坡体之下仍有厚75米的煤层，这是一笔巨大的财富。

能直接影响坡体稳定性并诱发大型滑坡，且能导致古滑坡复活的积极因素是地下采空。人为因素在煤系地层滑坡的发生发展过程中起着相当明显的诱发作用。

2.崩塌的不同分类

以崩塌的规模、物质组成、堆积情况、结构构造、运动途径、活动方式、破坏能力等因素为依据，可将其划分为五种类型：

（1）拉裂——倾倒式崩塌

直立而巨大的岩体被裂缝或垂直节理分割开来的现象常常出现在河流的岩溶区、峡谷区、冲沟地段及其他陡坡上。这类岩块即高又窄，有着极差的横向稳定性，岩体在失稳的时候，会发生转动性倾倒，其转点是坡脚的某一点。此类崩塌模式有以下几种：

由于直立岩体的坡脚被长期冲刷淘蚀，偏压作用使得直立岩体渐渐出现倾倒蠕变现象，最终，倾倒式崩塌也会不可避免地发生。

块体在受到特殊水平力的影响时，容易发生倾倒产生破坏力。这些特殊水平力可以为地震力、冻胀力、根劈力、动水压力和静水压力等。

如果坡脚的组成成分是软岩，在遭遇雨水的软化后，坡脚就会产生偏压，从而引发崩塌的发生。

由于长期的重力作用，直立岩体会产生弯折现象，这类崩塌可能也会因此而引发。

（2）滑移——拉裂式崩塌

这类崩塌实际上是滑坡向崩塌转化的一种形式。在某些陡坡上，有向坡下倾斜的软弱面或光滑结构面出现在不稳定岩体下部。在块体滑移过程中，块体重心也随之而变，倘使其滑出了陡坡，那么，崩塌就会突然产生。除了重力作用外，岩体的裂缝被连续的大雨渗入，使得岩体的软弱面被雨水软化，以及静水压力和动水压力的产生，都是诱发岩体滑移的主要因素，崩塌由此而产生。在一定的条件下，这类崩塌也可以由地震引发。

（3）鼓胀——溃决式崩塌

当陡坡上不稳定岩体本身为松软岩层，或者有较厚的软弱岩层存在于不稳定岩体之下，且坡体被长大节理分割开来时，松软岩层或下伏的较厚软弱层就会在地下水或连续大雨的补给情况下被软化。上部块体受重力作用影响，当软岩天然状态下的无侧限抗压强度不能承受压应力时，就会把软岩挤出来朝着外面鼓胀。不稳定块体在鼓胀现象不断加强的过程中，也会不断地外移和下沉，同时，伴随倾斜现象的发生。块体的重心一旦移出坡外，就会立即产生崩塌。因此，此类崩塌产生与否的关键在于下部较厚的软弱岩层能否向外鼓胀。

（4）剪裂——错断式崩塌

在一定条件下，陡坡上的板状和长柱状的不稳定岩体会因不稳定块体下部断面减小或重量的增加而可能会剪断板状或长柱状不稳定岩体的下部，从而使错断式崩塌发生。岩石的抗剪强度一旦不能负荷岩体下部因自重所产生的剪应力，就会迅速引发崩塌。此类崩塌一般有以下几种途径：

板状和长柱状岩体的自重不断增加。垂直节理裂隙受地壳上升，河流下切作用加强的影响，不断地加深。

岩体被剪断。岩体下部的断面在冲刷和其他风化剥蚀营力的作用下不断减小。

岩体下面被剪断，产生崩塌。人工对边坡的开挖过高、过陡。

（5）拉裂——断裂式崩塌

当陡坡的组成成分是软硬相间的岩层时，上部坚硬岩层常常会以悬臂梁的形式突出来，这是其受到风化、人为开挖和河流冲刷淘蚀等因素的影响而造成的。拉应力在重力的长期作用下，会在尚未产生节理裂隙的部位进一步集中。拉裂缝则会在这部分块体的抗拉强度不能抵挡拉应力时向下迅速发展，突然，突出的岩体就会向下崩落。除此之外，能够促进这类崩塌形成的还有震动、根劈和寒冷地区的冰劈作用等。

（五）滑坡侵蚀

1.滑坡侵蚀的定义

在概括滑坡的概念时，用"整体的"滑动就不能将有时是分块运动的滑坡包含进去；以"缓慢的"来归结，就不能把高速的滑坡包含进去；而用"某些自然因素影响下"就不能把在人为因素影响下所产生的滑坡包含进去。对同一事物来说，对它的看法也会随着不同的观点角度而出现不一致，比如，把滑坡说成一种常见的山地地质灾害，会给社会与经济建设带来一定损失的斜坡变形破坏事件的是灾害学家；把它认为是一种表示动力地质作用、物理地质自然现象的是地质学家；而将它称为坡体运动现象、以水平位移为主的变形现象，指边坡或山坡各种破坏的统称等的则是希望铁路能安全运营的铁道部门。

侵蚀一词已被地学界应用了很长的时间，当初，外营力的夷平地质作用就是用侵蚀来表达的。在柯兹缅柯的著作中，把土壤侵蚀引入了水土保持界，之后，各国对其的运用渐渐广泛起来，在20世纪20年代末30年代初，我国也开始采用此概念，迄今为止，它仍然被我国使用，对其定义的

概括较为一致，具有代表性的主要有：

土壤及其母质在水力、风力、冻融、重力等外营力作用下，被破坏、剥蚀、搬运和沉积的过程。

在陆地表面，水力、风、冻融和重力等外力作用下，土壤、土壤母质及其他地面组成物质被破坏、剥蚀、转运和沉积的全部过程。

土壤及其母质和其他地面组成物质在水力、风力、冻融及重力等外营力作用下的破坏、剥蚀、搬运和沉积过程。

从这三个比较有代表性的概念中，我们可以看出，第一个定义对土壤侵蚀的定义中少了其他地面组成物质这个作用对象，这就使之有了一定的局限性，而其他两种定义则没有本质的区别。

地质上侵蚀是指水流对坡面、河床等的破坏作用。它的含义远远不及土壤侵蚀的含义广泛。对土壤侵蚀的定义进行分析，我们知道，作用力是土壤侵蚀的必需条件，被作用对象是这个作用力的承受体，从而使之发生破坏、运移、沉积现象。为了方便，我们可以把土壤侵蚀认为是岩土体在内外营力作用下的破坏、搬运和沉积过程，这个定义相对要简单一些。

滑坡侵蚀的含义有三个方面：

滑坡既是应力的来源，又是被作用对象，在运动过程中，破坏也会作用于本身，即其本身就是一种重力侵蚀现象。

滑坡侵蚀体是多个侵蚀体的复合体，因为有其他侵蚀体在其滑动过程中发育。比如，远距离搬运、高速运动的滑坡侵蚀体的各部位就有差异，其前部是泥流，中部是土流、砂石流，后部则是基岩或土体。

滑坡侵蚀既作为母质体，又作为侵蚀体，使滑坡侵蚀体在经过多次滑动后再次滑动。最后，滑坡侵蚀体就会以一种松散堆积体为形式，为各类侵蚀提供母质，即物质来源，如水力、重力、人力等，最终将滑坡侵蚀体转化为土流和泥石流等。

滑坡侵蚀可以依据上述的观点定义为：在重力作用下，坡体上部分岩土体沿着一定的破裂面发生破坏，并向下向前滑动，在不远处堆积的过程。这样定义的滑坡侵蚀是一种重力侵蚀，重力侵蚀有五种类型，即滑坡侵蚀、崩塌侵蚀、滑塌侵蚀、溜坍侵蚀、泥石流侵蚀。

2.滑坡侵蚀的形态要素

根据滑坡侵蚀的定义，可以把滑坡侵蚀的形态要素分为多项，下面我们来详细介绍下。

滑坡侵蚀体：包括滑坡侵蚀脚和主滑坡侵蚀体。是指因为滑坡侵蚀而从斜坡上移动了的岩土体。

破裂面：是指构成滑坡侵蚀体下部边界的原始地面以下的面。

滑坡侵蚀两翼：是指破裂面两侧没有发生位移的岩土体。

主滑坡侵蚀体：是指滑坡侵蚀体没有脱离破裂面的部分，在滑坡侵蚀体后部。

滑坡侵蚀后壁：它是破裂面的可见部分。是指，滑坡侵蚀上部因为脱离了滑移物质而形成的一个陡面。

原始地面：是指还没有发生过滑坡侵蚀的斜坡地面。

滑坡侵蚀脚：是指滑坡侵蚀体滑越破裂面前沿后，原始地面之上的滑坡侵蚀体前部被其覆盖。

滑坡侵蚀顶：是指滑坡侵蚀后壁与滑坡侵蚀体接触界线的最高点。

滑坡侵蚀后台：是指滑坡侵蚀后壁最高处没有发生变位的岩土体平台。

滑坡侵蚀头：是指滑坡侵蚀后壁接触滑坡侵蚀体上部滑体的部位。

滑坡侵蚀台坎：通常，这种陡坎为多个。是指滑坡侵蚀体表面上的陡坎，其成因是滑坡侵蚀体内的差异运动。

破裂面前沿：是指原始地面与破裂面前部的交线。

滑坡侵蚀趾：是指滑坡侵蚀顶与滑坡侵蚀体前部相隔最远的点。

滑坡侵蚀前沿：是指滑坡侵蚀趾前部的原始地面。

滑坡侵蚀覆盖面：是指滑坡侵蚀脚覆盖原始地面的部分。

滑坡侵蚀床：包括破裂面和滑坡侵蚀覆盖面。是指在滑坡侵蚀移动时，底面以下没有移动的部分。

滑坡侵蚀边（周）界：是指滑坡侵蚀前沿、滑坡侵蚀两翼、滑坡侵蚀后壁形成的包络曲线。

3.滑坡侵蚀的诱发因素

滑坡侵蚀的发生除了背景因素或控制性因素等形成条件，还有必要的

诱发因素也是其发生的必备条件。

在山体内，由于入渗了地表水、大气降水、生产生活用水，倒灌进的河、湖水和地下水等，使得坡体的重量增加，从而使下滑力也不断增加，同时，易滑地层被浸泡软化，大幅度降低了抗剪强度，使滑动产生。静水压力能由水形成，在水头差出现时，动水压力就会形成，促使下滑力增加。

岸坡被沟谷、湖泊、河流、海洋水流冲刷，使坡脚被淘蚀，斜坡支撑力被削弱，当抗滑力不能承载下滑力时，滑动就会在斜坡产生。当沟、湖、河、海洋中滑入滑体时，前部堆积可反压斜坡成为斜坡抗滑阻力，这些堆积物被水流冲走后，斜坡的平衡将再次被打破，滑动也会因此而发生。

坡体可能会被工程活动破坏掉。在坡体上，进行填方、倾倒、建筑、筑堤等活动，会引起边坡超载，这些增加的荷载会增大坡脚的压力，过大的质量使得斜坡的支撑力不够而导致平衡丧失，使之沿着软弱面下滑。在坡体下，坡脚下部也会由于开挖坡脚、堆积物搬迁和边坡削方挖土等活动失去支撑作用，致使斜坡上部过大的质量因此而丧失平衡，出现斜坡沿着软弱面下滑的情况。蓄水入水库后，如果地表水位及地下水位被人为提高，会浸湿库岸边坡，斜坡也因此而失稳，从而促使滑坡的发生。导致山坡失稳而产生滑坡的还有别的一些工程活动，如修路、爆破开矿、重型运输等引发的动力震动。

山坡上的植被会因人类的乱砍滥伐而消失，使之没有能力再保护坡体表面，但却有利于地表水和大气降水的渗入，诱使滑坡状况的发生。

地震会改变斜坡承受的平衡应力，还会增加裂隙，使地表发生形变，使岩土的力学强度降低，促进滑坡体的形成和触发滑坡的滑动。

在自然界，有很多滑坡是由崩塌诱发的。由于溶蚀、沉陷、卸载等作用，滑坡后缘会不断发生崩塌，其上也会散布各种崩塌堆积物。因此，滑坡体后部会不断加积，从而增大荷载，当坡体的承受力不足时，滑动情况就会发生。

兽害和虫害都能引发滑坡。在土层不厚的高原山坡上，会有高原鼠、兔在此掘洞，其中，鼠洞不仅分布密集，而且相互连通，在雨季，土层会因洞内流入雨水而发生塌陷，软弱带或软弱面即是鼠洞极深处一带，此时，成块的草皮会顺坡向下滑动，从而诱使大面积的表层滑坡发生，牧场也有因此而被彻底摧毁的可能，这是兽害造成的滑坡。存在于土质堤坝中的蚁类是诱发滑坡侵蚀的主要虫害。与兽穴诱发滑坡侵蚀的机制差不多，蚁类诱发滑坡侵蚀的机制也是因为蚁巢发生了漏水或塌陷状况，从而使滑坡侵蚀产生。

（六）滑坡侵蚀的形成条件

滑坡侵蚀的形成条件和滑坡侵蚀的诱发因素是滑坡侵蚀的主要形成原因。而滑坡侵蚀的形成条件又包括了许多方面，主要有地形地貌、地层岩性、地质构造、坡体结构、水文地质等。

1.地形地貌

滑坡的形成与地形地貌有着密切的关系，根据地形地貌景观不仅可以判断老滑坡形成的原因，还可以推断老滑坡能否复活。

有宽大的向滑坡倾斜的缓坡在老滑坡后缘、侧缘的山坡上，而且，缓坡上有着松软破碎的土体，地表水的下渗作用可能是滑坡生成的主因。

老滑坡可能生成的主要条件和老滑坡可能复活的主要条件都与断层水有着密切关系。所以，当后山具有断裂带形成的断崖或陡坎时，应当确定是否有断层水流向老滑坡。

滑坡各块运动不同步会导致老滑坡表面起伏不平，对地表水入渗滑坡体补给滑带有助益作用，也为老滑坡的复活滑动创造了条件。

滑坡舌伸入岸边河流之中，老滑坡生成与复活可能都与岸边水流不断冲刷坡脚的作用有关。

老滑坡前沿已顶实了对岸山坡，只有被冲开，才能向前滑动，或向两侧滑动，或滑坡逐步稳定。

（1）活动滑坡的地形地貌条件

如果活动的滑坡后山宽阔而平缓，就不能忽视影响着滑坡生成的地表水入渗作用。倘使后山坡体岩土体破碎、松散，地表水渗入滑坡体内的水量会受破碎程度的不同而有所区别。如果具断壁与断裂陡坎的地形在后山，则要对断层水进行观察，它可能对滑坡生成有影响。

由于活动滑坡地表的各种裂缝不断地扩大，滑带土由不断增大渗入量的地表水及大气降水直接补给，此时，对滑坡的滑动起着主要作用的是地表水。如果地裂缝贯通到主滑带，就为水沿裂缝直接渗流至滑带部位，使滑带水的补给强度增大创造了条件。

滑坡前沿被岸边水流冲刷，致使前部抗力作用减弱，这个时候，应确定水位对活动滑坡前部的浸湿范围和冲刷强度等。

（2）容易生成滑坡的地形地貌

当高陡山坡由破碎基岩构成时，滑坡可因水流冲毁坡脚而引发。当高陡山坡由水流冲击单面山或山前堆积体构成时，滑动会在基岩层面或者不

同堆积层次之间发生。当山坡基岩各种构造面倾向河流时，水源会对其进行切割，滑坡沿着各种带、面滑动，即沿层理带、断层带、不整合面、沉积间断面、地层分界面、软弱岩土夹层滑动。由错落转化为滑动或切层滑坡的条件是山坡坡向不同于基岩层面倾向。当有破碎的岩土或软岩存在于高大且陡峭的山坡下部时，岩石在经过水流冲刷及浸湿后，很可能会出现下部承载能力不足的情况，这就为大型崩塌、滑坡的产生创造了条件。

2.地层岩性

地层岩性，尤其是易滑岩土层，对滑坡侵蚀的发生有着极为重要的影响。

（1）易滑岩土特性

易滑岩土是指遇水盐分、胶结物会被溶解，其强度会随着结构的破坏而丧失的岩土；或者是有亲水性，且有失水后容易收缩、吸水后容易膨胀等特性的岩土。那些夹有易滑岩土的地层，或是由易滑岩土构成的地层被称为易滑地层。如果易滑地层构造裂面少，且有着致密的组织，在超压密情况下，膨胀和进水的状况都难以发生，那么，它可能就会呈现稳定状态。山坡上易滑层临空方向的倾斜度在易滑层被水浸润后的综合抗剪强度角之上时，易滑岩土具备受水条件的一层就很有可能产生滑动。此外，应注意的是，当易滑层出现在坡体内岩土结构中时，要分析易滑层的补水通道，评价易滑层对滑坡生成的作用。

（2）易滑岩土辨析

由于不同的矿物、成分、形成原因、组织结构，易滑岩土的特点，也存在着差异，应该根据实际情况，分析斜坡易滑层对滑坡生成具有的主、次关系。

造成滑动的必备条件是封闭和高液限黏土层夹有粉土、粉砂。浅海相黏土岩组夹有粉土、粉砂层，且有着较高的液限，四周为易进水不易出水的封闭隔水层，在水达到饱和后，会使超孔隙水压产生，此时，滑动就极易产生。

滑坡生成的必备条件是具备淡水淋滤条件的含盐黏土层。海相含有盐

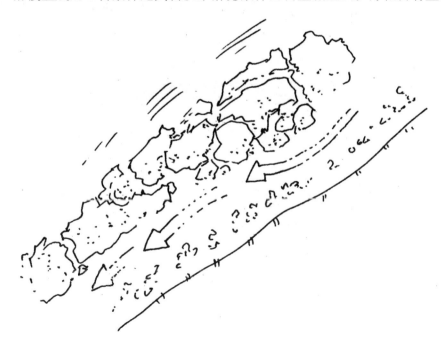

黏土层，发生滑坡时，往往是因为淡水淋滤破坏结构、丧失强度而致。

产生滑动的必备条件是高灵敏性海相黏土。滑动的起因是振动破坏了有高灵敏性海相黏土土层的结构，而且，滑动的范围可以迅速地扩大。

滑坡形成的必备条件是高压缩性、高湿陷性的风成黄土。高压缩性、高湿陷性的风成黄土由于具有大孔隙、垂直节理，常常会有高陡边坡形成，当大气降水沿其孔隙、垂直节理中渗入，遇到相对隔水层时，即基岩、钙层、古土壤层等，软弱机构面就会因层面上积水泥化或软化而形成，坡体则沿软弱结构面向临空面滑动。

也是易滑岩土呈层状结构。顺层滑动在易滑岩土呈层状结构时容易产生。

3.地质构造

滑坡侵蚀受地质构造的控制，主要的表现有：

滑坡生成的主要条件包括坚硬岩层夹软岩。构造为软岩夹在两巨厚坚硬岩层中间，倘使上、下坚硬岩层发生错动，就会揉皱褶曲软岩，使储水的空间产生，遇水后，软岩会发生泥化、软化现象，生成滑坡滑动

的滑动面。

滑坡生成的主要条件包括断层破碎带。当有断层破碎带存在于山坡上，尤其是逆断层上盘，发育了次一级构造裂面，倘若裂面向临空倾斜时，滑坡就很容易发生。

滑坡生成的主要条件除了包括新构造运动产生的黄土层内断裂，还包括坡体内的断裂。构造裂面的组合不一样，可能就会生成向临空面的滑坡的大小与形状不同。基岩滑坡的滑带多数可以沿着某些带、面、隙等，如层间错动带、断层糜棱带、顺坡断裂面、卸荷裂隙等为主滑带而滑动。

黄土构造节理的展布常常有严格的方向，按照固定方向，成群地向着远方延伸，沟头的发育也被其控制，发育的滑坡破裂面往往也沿这些节理面进行，使塌陷具有了一定的方向性。

4.坡体结构

在一定程度上，滑坡侵蚀的发生也受坡体结构的控制，其主要表现有：

岩浆岩侵入。受岩浆岩多次侵入的地段，当坡体结构对于滑动有利时，滑动就会沿侵入岩及其构造面产生。

特定的坡体结构。如果岩层走向与山体走向，尤其是与高陡山坡一

致，那么，岩层层面就会有滑坡向临空方向滑动，使顺层滑坡产生。顺层滑坡的生成条件是岩层需具有倾斜度、泥化夹层或含水的层间错动带。倘若坡体具一定的结构条件，且岩层走向与山体走向相反，则会有切层滑坡生成。切层滑坡的生成条件是岩层具有向临空面倾向的平行的张性裂面、顺坡断层带等。

上硬下软的坡体结构。巨厚的硬岩为坡体上部，破碎软岩组成的高陡边坡为坡体下部，当下部的破碎软岩没有足够的承载强度时，会产生变形的情况，滑动就会因此而被引发。

岩脉的分布。岩脉穿插下的岩体被压性挤入，靠近岩脉的岩体比较破碎，汇集地下水的通道常常因此而形成，而且，沿岩脉向临空面的滑动也较易产生。

岩层走向与山体走向相反，中薄层的软岩与硬岩互层的沉积岩或变质岩组成的高陡岩坡，岩坡的上部向下部弯曲蠕动，下部因受到压力而变形，岩坡逐渐生成向临空面倾倒的现象，最终转化成大型滑动。

5.水文地质条件

土壤侵蚀的重要营力是水，对滑坡侵蚀来说，滑坡侵蚀发生的重要条件因素也是水。

（1）构造供水

为上盘岩石体内生成的滑坡提供水资源的是张性断层的破碎带，具有渗透水的通路条件的是压性断层带上盘破碎岩石，使地层软化而滑动的则是糜棱带流动的地下水。

基岩顶面被正断层、逆断层上盘中地下水水头淹没时，覆盖层沿基岩顶面的滑坡就可能生成。

当有垂直于松弛张裂面层面的倾向临空存在于山坡上时，因后山储水构造沿倾向临空面的张裂面向顺坡滑坡补水，从而促使多层、多级切层滑坡的生成。

（2）滑带水

倘若达到中塑、软塑状态，滑带土就会引起滑动。所以，通常滑带水的水量都很小，并不需要很大的滑带水供给水量。雨季中，边坡滑坡和浅、中层滑坡常因雨水渗透补给地下水而在雨季中生成；而雨季后期或滞后雨季数月，由于远区地下水补给条件，会有中、深层滑坡产生。

人类工程活动是补充滑带水的另一来源，这是工程滑坡主要的生成条件。比如，灌溉水、生活污水以及无隔渗措施的过水、储水建筑物等均可以供水给老滑坡体上滑体范围内的老滑带，而促使滑坡复活。水库的兴建可以为岸边提供大量的供水条件，扩大浸水范围，滑坡可以在浸水后具滑动条件的斜坡上发生。

高陡山坡可以由高压缩性、高湿陷性的风成黄土形成，滑带水则由黄土中的钙层、古土壤层、下伏的基岩面等上部局部滞水而形成，使黄土中向临空缓倾的松散带软化，使其产生滑动。对这种滑坡的生成起着主要作用的就是水文地质条件和特殊的坡体结构。

在春季，滑带水由融冻土层的冰层顶面形成，生成滑坡的主要条件是上层滞水的分布与供水。这也是一种水文地质条件生成滑动的方式。

（七）滑坡、崩塌灾害

1.在滑坡发生区内造成的灾害

对原始地形产生破坏。

造成滑坡体上的土地和物体发生倒塌、沉陷、开裂或倾斜等毁灭性破坏，具体有以下几个方面：

当滑坡发生时，坡体上的房屋、树木、土地等随着坡体一起下滑，被毁坏带走；

造成人员和牲畜的伤亡；

由于滑坡和崩塌对矿井、隧道等设施造成掩埋和破坏；

造成大量粉(灰)尘升空，污染大气，甚至引发疾病等。

因为有些滑坡、崩塌具有突发性，难以预测，给人们的生命财产带来了严重威胁，故而在人们心中造成恐慌，甚至引起局部地区的社会动荡，给人们的正常生活和生产带来了干扰、破坏及损失。

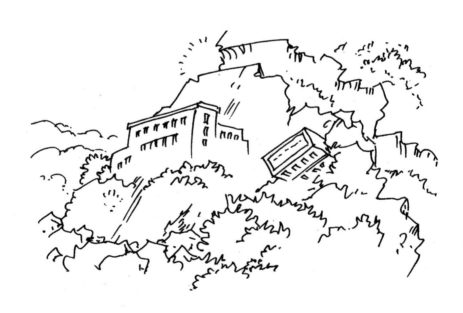

2.在运动途中造成的灾害

因为滑坡的快速运动，在它前方的物体均会遭到被铲刮的厄运。如折断树木、植被等。

房屋和桥梁等被推倒或者遭到严重损坏。

直接将房屋道路等掩埋，造成人员伤亡和交通、通信等中断。

堵断江河，形成堰塞湖，引发洪水或者泥石流。

处于高速运动的滑坡、崩塌不仅仅其本身对触及的地物造成灾害，其产生的冲击波也会对周围地物进行沿途扫荡。而且从高处落入江河湖海等地表水体中的滑坡和崩塌会激起涌浪，造成洪水等次生灾害，速度越快，造成的危害也就越大。

扩大固体废物堆的污染范围。

例如，1963年，在意大利北部，因滑坡引起的维昂特大坝大洪水冲毁了多个村庄，造成2500人丧生。整个山体的重量相当于有5亿辆轿车，

这庞大的山体滑了大约500米，这期间滑动不断加速，在拍进水库的那一刻速度已经达到大约110千米／小时，激起巨大的涌浪，造成洪水溃堤。而且滑坡因高速地运动引发了强大的冲击波，一些较高地区的房子虽然没有被直接冲毁掩埋，但大部分也被滑坡所激起的空气冲击波严重破坏，破坏力之大，损失之惨重，实属罕见，以至于事隔多年的今天，人们仍然记忆犹新。

滑坡、崩塌造成的污染不仅仅是粉尘造成的空气污染，更多时候是携带和掩埋固体废弃物造成的污染，尤其是固体废弃物直接引发的滑坡和崩塌，危害巨大。例如工业矿渣堆发生滑坡，若是矿渣堆中有毒化学物，不仅仅是对人造成伤害，对动植物都会产生影响。

3.滑坡、崩塌的危害

人和人类生存的环境，包括人的生命、财产，资源和生态环境，各种工程建筑和设施受到滑坡、崩塌在形成、发生和运动过程中的灾害与影响，即是滑坡、崩塌的危害。

我国幅员辽阔，在高山地区和西部中山，是主要的滑坡、崩塌危害集中地。1943年2月5日，体积达到1.27亿立方米的巨型高速滑坡发生在黄河上游青海省境内的龙羊峡，造成近133公顷的耕地被埋没，上、下查纳村被掩埋，213人死亡，而且，滑体前部还冲过黄河，向前滑移2.5千米，使黄河被堵断数小时；1965年11月22日，一场崩塌性滑坡发生在云南禄劝县老深多，造成四个村庄被掩埋，66多公顷的土地被摧毁，440余人死亡；2000年4月9日，体积近3亿立方米的易贡巨型滑坡发生在西藏易贡藏布江，形成了长宽均为2.5千米的巨大堆石坝，造成易贡藏布江被堵塞，易贡湖水位迅速上升，6月10日，巨大山洪、泥石流由于易贡湖的溃决而形成，严重危害了下游人民的生命财产安全。除此之外，还有别的造成严重灾害的滑坡在不同时间不同地点发生，如1982年7月17日，发生在四川云阳的鸡扒子滑坡；1983年3月7日，发生在甘肃东乡县的洒勒山滑坡；1985年6月12日，发生在长江三峡的新滩滑坡；1988年1月10日，发生在四川巫溪县的中阳村滑坡；1992年7月12日，发生在云南昭通地区的头寨沟滑坡；2003年7月13日，发生在长江三峡湖北境内秭归县的沙镇溪千将坪滑

坡等。

什么原因造成了滑坡的频繁发生呢？看完以下这些数据你就明白了。

在世界范围内，据不完全统计：人类建筑工程面积已经覆盖地球陆地面积的10%～15%；今天，有些地面建筑高度已超过300～400米，地下开挖深度已经在1000米以上，最高人工边坡已高达700米，最大人工水库已超过1500亿立方米；人类每年约消耗500亿吨矿产资源，已超过大洋中脊每新生成的岩石圈物质（约300亿吨）的数量，更大大高于河流每年搬运物质（约165亿吨）的数量。

人类大型工程活动的规模之大、数量之多、速度之快、波及面之广，举世瞩目。这些反映出一个最基本的事实：人类作用与自然作用并驾齐驱，甚至在一些方面已经超过自然地质作用的强度和速度。如今，人类作用是影响环境的重要力量，在全球变化中起着巨大的作用。

统计结果表明，近年来，人为因素已经成为引发突发性地质灾害的重要原因。我国地质灾害死亡人数和发生次数中有50%以上与人类工程经济活动有关，更可怕的是所占比例还在迅速增加。某些地区甚至达到90%以上的比例。引发突发性地质灾害的主要人类活动包括：切坡建房、采矿、采石、修路、乱垦滥伐和开挖水渠等。

自然营力已经承载不了人类工程活动对地表地形的改造，自然产生的滑坡远远不及人为活动引起的滑坡数量，其中人为因素，如灌溉、开挖坡脚等引起的滑坡占总量的50%以上。

4.滑坡、崩塌的直接危害

滑坡、崩塌的直接危害是指滑坡、崩塌在形成、发生、运动过程中对人的生命财产、各种建筑设施和自然资源、生态环境造成的直接破坏作用。

根据滑坡所造成的危害对象可分为：

（1）对人的生命和财产的危害

包括滑坡发生过程中造成的人员伤亡、房屋倒塌、家畜家禽和其他物资财产的损失。一次不大的滑坡灾害在人员密集居住的地方，也能造

成巨大的灾难。1987年9月1日四川巫溪县发生了一次仅7000立方米的岩崩，但是给县电力公司的宿舍楼造成很大程度的损坏，在这次事故中，98人死亡；1997年7月17日，同样还是四川，兴文县发生的金凤村滑坡，仅3500立方米的体积，发生时正是村民四面八方聚集在一起赶集的高峰期，造成53人死亡，40人受伤；2001年5月1日晚，重庆武隆县城发生的12000立方米的崩塌性滑坡，摧毁了一幢九层的宿舍楼建筑，造成79人死亡，七人重伤。

（2）对水利水电的危害

水库坝肩发生滑坡、崩塌就会直接危害到大坝枢纽工程；近坝库岸如果发生大型滑坡、崩塌，坠入库中激起的高大涌浪就会危害大坝的安全；库区两岸发生大量滑坡、崩塌，废弃物流入水库，造成泥、砂淤积，缩短水库使用寿命；如果灌溉渠道发生滑坡、崩塌，就会填实渠道、中断通水，甚至数百米渠道基础全毁，造成整个灌区瘫痪。1963年10月意大利瓦依昂水库近坝库岸发生体积为2.5亿立方米的特大型滑坡。滑坡高速冲入库中填满整个坝前库容，激起达几百米高的巨浪，冲毁下游数万米的工程

设施和村镇，造成2500人丧生。

（3）对道路工程的危害

滑坡、崩塌对铁路、公路建设的危害主要体现在以下三个环节：

在铁路、公路建设的选线过程中，一次大型滑坡造成的灾害或崩塌形成的堆积区，都会迫使线路改线或绕道行驶。否则需要花费巨额资金进行治理，使整个建设预算大大超出预期投资；若在道路选线过程中忽略或错判了老滑坡、古滑坡的存在，就有可能在施工过程中引起复活，更要花费巨资去治理。

在道路施工过程中，如果是施工方法和工艺不当，或者在道路设计过程中没有考虑潜在滑坡的防治和危险高边坡的加固，很容易就引发工程滑坡或崩塌的发生。工程滑坡、崩塌有很大的危害，造成施工人员伤亡、增大防灾投资和延长工期。比如因为滑坡的发生造成川藏公路改线。虽然在工程初期已经做了初勘，但是在设计阶段却没有防治工程设计，所以在施工阶段也没有按照先治滑坡后开挖路基的工序进行，2002年5～8月工程开挖过程中引起了较大范围的滑动，被迫停工对此滑坡进行补充详细勘察和防治工程设计，不仅延长了一年以上的工期，而且追加投资近2000万元。

在道路工程竣工后，试运行初期，如果在施工中对潜在滑坡的危险认识不足，没有做好必要的防治措施，或者因为加固措施不到位，致使道路运行初期就有可能产生滑坡、崩塌。滑坡对道路造成的危害，也许只是阻碍交通1～2小时，也可能将道路完全掩埋，连续数日交通中断，如果毁坏路基或桥梁，则会造成中断交通数月以上。20世纪90年代初期，川藏公路318国道在西藏境内发生滑坡，近400米长的路基滑入河边，造成交通中断一年以上。后来临时在滑体中部开出一条便道通车，每年也都时通时断，直到2000年再次投入3000多万元巨资对滑坡进行治理，对公路进行抢救性修复之后，才使得这段公路基本畅通。

（4）对广大耕地、森林植被等生态环境产生危害

滑坡、崩塌灾害对耕地、森林植被也有非常严重的危害，前面提到的中阳村滑坡毁坏田地47公顷，发生在千将坪的滑坡毁坏田地近33公顷。1996年9月18日四川西昌市关把河中上游发生了400万立方米的大型滑坡，堵断河流以后，形成高30多米的土石坝，滑体上13公顷的森林全部倾倒毁

坏，有的甚至被埋没。

（5）对工矿、城镇建设的危害

据统计，我国西部山区几乎所有工矿都受到过滑坡、崩塌的危害，大部分的县乡级城镇都受到过滑坡、崩塌的危害。四川金阳县城就在一个老滑坡体上，木里藏族自治县的城中心也是一个老滑坡。1933年岷江中上游发生地震时，千年叠溪古城毁于一旦。

5.滑坡、崩塌的间接危害

滑坡、崩塌的间接危害是指滑坡、崩塌发生后造成的次生灾害和影响。主要有：

（1）滑坡、崩塌堵塞河流造成淹没危害

滑坡、崩塌堵塞河道以后，不仅会造成对河道上游造成淹没危害，而且被堵河坝溃决的话还会对下游造成溃坝形成的洪水、泥石流灾害。如2000年4月9日，在西藏林芝地区易贡藏布扎木隆巴支沟发生滑坡，并形成岩崩→滑坡→泥石流的灾害链，堵断河道，形成近100米高的土石坝，使上游水位迅速上涨50多米，淹没了上游良田耕地667公顷。60天后大坝溃

决，形成特大洪水并冲毁了下游近100千米沿河两岸的道路、桥梁、耕地和村庄，造成很大的伤亡损失。

（2）阻断交通带来的次生危害

1995年7月28日大渡河上游康定县境内落鹰岩发生岩崩，阻断大渡河，造成河水断流达半个小时之久，毁坏公路200多米，交通被中断半年之久，使上游多个乡镇的生产生活物资、农副产品全靠人背马驮来运进运出，严重影响受灾群众的生产生活。

（3）大型滑坡、崩塌灾害对人们心理健康的危害

一次大型的滑坡、崩塌灾害不仅造成当地的重大经济损失，还会给受灾群众造成心理上的很大伤害，甚至给周围居民造成很长一段时期的心理阴影，严重影响正常的生产生活。

6.滑坡、崩塌发生造成的损失（以广东省河源市为例）

通常，滑坡、崩塌所造成的灾害都是突发性的，有时滑坡、崩塌期间出现强降雨天气还会引发其他次生灾害的发生，防不胜防。滑坡、崩塌灾害多发地区，有关部门一定要引起相当的重视，要有相应的防范措施，灾害发生后，能够迅速有效地展开抢险救灾工作，减少灾害造成的各种损失，灾害多发地区的居民，也要在灾害多发季节保持警惕，了解更多的灾害知识，积极开展生产生活自救，保障自己的生命财产安全。

2006年广东省河源市连续普降大雨到暴雨，日降水量甚至达到112.6毫米。短时间内，大雨使河源市局部地区出现内涝、山洪暴发、山体滑坡等各种极端性灾害，造成人员伤亡、房屋塌毁、田地被淹、道路中断等灾害。

灾情发生后，各级领导、各相关部门、当地群众迅速行动，积极参与救灾工作。

（1）积极抢险自救

汉源市和平县境内乡道，约20千米范围内接连发生坍塌，导致交通堵塞，甚至中断，多辆车辆不能进退，被困路上。事故发生后，当地公路管理部门紧急在该路段各出入口设立了"前面多处塌方，车辆绕行"的

警示牌，但是当时两镇道班工人紧缺，于是龙星村村干部带领村民开着自家的小四轮车，带着锄头、铁锤等工具，在滂沱大雨中抢险修路，连续奋战三个多小时，清理了多处坍塌的路面。当地人说："这条公路由于土质原因，再加上雨水冲击，经常出现坍塌，有时候一天都有三四处山体滑坡。"的确，同日晚上7时30分许，和平县再次发生山体滑坡，直接威胁着县城东山路400多居民的生命财产安全。和平县有关领导接到灾情报告后，及时赶到事发现场组织抢险，指挥群众撤离危险地带。滑坡发生两个多小时以后，危险区内全部居民都已安全撤离。由于抢险及时，避免了人员伤亡事故的发生。

（2）农业、道路受损大

连降暴雨后，市委领导相当重视，指挥各级有关部门分别建立了严格的值班报告制度，受灾统计数据也及时更新，逐级上报。暴雨对部分房屋、道路、农作物、水产养殖、河堤、通信线路等都造成了不同程度的损害，其中较为严重的是道路和农作物。

据市农业局统计，全市农作物受灾面积约为6224.87公顷，成灾面积

约为1680.13公顷，绝收面积265公顷。

据市公路局统计，市内公路局所管养的国道、省道共1202千米，其中有30座桥梁局部毁坏，有八道涵洞局部毁坏甚至全部毁坏，被毁路基3750立方米，被毁砂土路面3000平方米，柏油路面20500平方米，水泥路面66500平方米，坍塌65处87000立方米。

此外，市地方公路管理总站统计，其所管养的省道、县道、乡道中，有1座桥梁和40道涵洞被全毁，坍塌达到122处43025立方米，造成9条公路17处中断。

（3）灾害造成的严重损失

这次连续强降雨过程中，各县区都遭到了不同程度的损失，其中龙川县内25个镇不同程度受到暴雨袭击，受灾人口2.43万人，直接经济损失817万元；东源县受灾人口3.2万人，房屋倒塌720间，多处堤防、塘坝、灌溉设施被冲毁，其中，赤竹径水库总干渠崩塌40多米1万多立方米土方，白礤（音cǎ：粗石的意思）水库渠道塌方1.5万多立方米土方、石方150多立方米，造成直接经济损失达1881.5万元；紫金县受灾人口7.3万人，房屋倒塌208间，造成直接经济损失500万元；和平县17个乡镇受灾，受灾人口0.35万人，房屋倒塌107间，直接经济损失达到359万元；源城区7个乡镇受灾，直接经济损失48万元；连平县4.2万人受灾，直接经济损失339万元。

在人员伤亡方面，5月28日到29日，紫金县因山体滑坡冲塌房屋，造成1死3伤；6月1日，龙川县新田中学一位教师在清理自家屋后的排水沟时，土方突然塌下致其死亡。其他地方暂无人员伤亡报告。

（4）雨水天气持续，加强防御

河源市气象台根据滑坡发生近期的天气情况，提醒有关部门及相关市民注意：第一，各地要加强预防强降水引发的局部洪涝、泥石流以及雷击、雷雨大风等灾害性天气；第二，有关部门要注意检查堤坝、水库、山塘等水利设施，做好山塘水库的库容调节，确保水库安全，及时检查疏通排灌系统，防止局部洪涝和城乡积涝，注意农田排污通水，主要做好水陆交通安全工作；第三，前期河源市累积降水量大，土壤水分饱和，有关部门要加强对地质灾害隐患点的监测和巡查，及时转移高危地区人员，谨防强降水引发的山体滑坡、泥石流及崩塌等地质灾害。各部门和有关受灾群众要密切关注天气变化，进一步做好暴雨灾害防御工作，减少人员伤亡和经济损失。

（八）滑坡成灾模式

1.直接成灾模式

直接成灾是指滑坡、崩塌发生过程中直接对滑体上和滑体前方的各种物体和生物造成的直接破坏作用。称为直接成灾模式。

2.间接成灾模式

除了造成的直接破坏，滑坡、崩塌还会造成间接破坏，例如滑坡造成堵塞河道，形成堰塞湖，诱发洪水，淹没了建筑设施，导致通信交通中断等，不但间接影响到人们的正常生活，还给人们带来了精神创伤。

3.灾害链成灾模式

滑坡和崩塌都不是单一的自然灾害，在他们发育或者发生的同时会对环境产生反馈作用，反之其他自然灾害发生时也会如此，从而引发各种各样的灾害链。认识灾害链的形成和产生规律，对防范和抑制灾害的发生和扩大有着良好的作用。

（1）单一型的自身灾害链

崩塌→滑坡灾害链：崩塌诱发滑坡在自然界中是很普遍的现象，犹如人堆积废弃物一样，堆积多了，对坡体产生影响，就会引发滑坡。崩塌引发滑坡的原理也和这个类似，崩塌下来的崩积物不断加载坡体的重力，或者堆积成坡体，最终导致滑坡的发生。

滑坡→崩塌灾害链：若坡体较陡，且滑坡剪出口的位置高于坡脚，那么就可能会转化成为崩塌灾害。因为滑坡体滑离发生区时，会呈向前倾倒趋势。

滑坡重力型地震灾害链：由滑坡造成的重力型地震不同于我们一般所知的地震灾害，能够引发重力型地震的滑坡往往是大规模且体积庞大

的滑坡。

（2）由其他灾害引起的滑坡、崩塌灾害链

前面我们也提到相关知识，一些滑坡和崩塌的产生，是由于地震、降水等其他自然灾害引起的。此种情况构成的灾害链主要有：

地震→滑坡、崩塌灾害链

暴雨→滑坡、崩塌灾害链

山洪→滑坡、崩塌灾害链

洪涝→滑坡、崩塌灾害链

干旱→滑坡、崩塌灾害链

例如，2008年的汶川大地震，灾难不仅仅停留于地震，地震后的不断降水，引发的灾害链是多方面的。仅滑坡就多达15000余处，死亡人数占死亡总人数的1/4。

再例如，2006年，重庆云阳因为干旱引发滑坡。因为持续高温，致使土地严重缺水、开裂，使本身已经沉睡的古老滑坡再次苏醒，形成典型的"旱滑坡"，滑坡致使村庄遭到严重破坏，多间房屋倒塌。

（3）由滑坡、崩塌引起其他灾害的灾害链

由滑坡、崩塌引起其他灾害的灾害链，通过上面的学习，我们已经知

道很多种，例如泥石流、堰塞湖、洪水和局地干旱等。

滑坡、崩塌→泥石流灾害链：滑坡、崩塌灾害转化为泥石流灾害的方式有饱水的滑坡体、崩塌体被整体诱发后，饱含的水将其液化，从而形成了泥石流；当滑坡体、崩塌体遭遇洪水时，相互融合而形成泥石流；滑坡体、崩塌体滞留在沟谷内，待洪水来时，形成泥石流。

滑坡、崩塌→涌浪灾害链：如上文提到的1963年，在意大利北部，因滑坡引起的维昂特大坝大洪水就是这种情况。滑坡体拍进水库，因为速度快，将峡谷加深到400米，到此滑坡运动并没有停止，一部分山体更是冲上对岸，弹起140米高，将水库中的水压了出去，这股涌浪可谓是滔天巨浪，瞬间将卡索村较低地方完全摧毁，而这个地方已经比水面高出260米，加上洪水达到坝顶上方245米这个高度，表明洪水至少高出河床约500米。

我国也有类似事件。如1961年，湖南柘溪水库大坝上游1550米处的塘岩光水库，在蓄水初期，引发了1651万立方米的滑坡，激起巨大涌浪10次，且延续了1分钟。摧毁了施工现场，并造成重大伤亡事故。

滑坡、崩塌→堵江淹没→溃决洪水灾害链：此种灾害链主要发生在峡谷区，例如汶川地震造成的滑坡堵塞河道，形成堰塞湖，若不是及时疏通引流，造成的灾害定是极其巨大的。此外堰塞湖又分为完全堰塞湖和不完全堰塞湖。但无论是何种状态的堰塞湖，都会对下游地区造成危害。

滑坡、崩塌→坡面洪水灾害链：此种灾害链主要是指因为滑坡和崩塌导致的堵塞水利工程中的盘山渠道，道理和堰塞湖差不多，都是因堵塞而使水溢出造成的灾害。这种灾害链多发生在降水多的雨季，尤其是暴雨更容易导致灾害的发生。

滑坡→局地干旱灾害链：这种情况主要发生在大型滑坡地区。因为滑坡体解体的原因，使一些地表径流转为地下水而变得短小。地下水顺着坡体排泄，很难存留在坡体上，更别说露出坡体，回到坡面，故而造成了小范围的干旱区。

4.由其他灾害引起滑坡、崩塌后再转化为其他灾害的灾害链

多种灾害相互诱发的情况在自然界中很常见，由其他灾害引发滑坡和崩塌，又由滑坡和崩塌引发其他自然灾害，这也是一种灾害链。

（1）暴雨、山洪、洪涝→滑坡、崩塌→泥石流灾害链

有些时候这些灾害很难被分开，它们互相影响，互相诱发，最后形成了很严重的自然灾害。例如暴雨可以引发山洪，山洪造成水灾又可引发洪涝灾害。而这三种灾害又可诱发滑坡和崩塌，滑坡和崩塌与山洪洪水混合形成泥石流灾害。

（2）崩塌→滑坡→泥石流灾害链

因为崩塌而使坡体上面存有大量堆积物，如果在暴雨或者多雨季节，雨水对坡体产生作用，本来已经负重很大的坡体，发生滑坡，到山脚时与洪水相容，形成泥石流。

（3）地震→滑坡、崩塌→泥石流灾害链

由地震引发的滑坡我们上面已经做过详细的讲解，在这里不再多作解释，地震后往往伴随着强降雨或者持续降雨，这个时候就会产生几种情况，诱发泥石流。主要表现为：一，因地震导致的滑坡堵塞流水，形成堰塞湖，湖水到一定程度溢出，与滑坡、崩塌堆积物混合形成泥石流；二，地震导致水利工程及水坝发生滑坡，水坝中的水涌出，伴随滑坡形成泥石流；三，因为地震引发滑坡中，有一部分是饱水坡体，在运动中，水将固体物质液化而逐渐形成泥石流；四，由于地震，致使坡体物质沿其液化层发生解体以及滑动，从而引发泥石流。

（4）地震→滑坡→堵江淹没→溃决洪水灾害链

强震区所特有的灾害形式是地震→滑坡(含崩塌)→堵江淹没→溃决洪水灾害链。多发生在我国西部山区具有活动性的断裂带上，如甘南北西西向断裂带、龙门山断裂带、川西的南北向构造带，还有高山峡谷地段。

二、山洪

　　强降水引发的滑坡往往不是单一的灾害，山洪和滑坡大多时候是同时发生的，形成猛烈的泥石流灾害，有时候这个组合更像是一种必然现象，所以谈及滑坡，我们就不能忽视山洪这个灾害的存在。下面我们就来看看山洪。

（一）山洪概述

　　山洪是指发生在山区溪沟中的快速、强大的地表径流现象。

　　山洪，顾名思义，是发生在山区的，但不同于山区河流泛滥的洪水，而是特指发生在山区小流域的溪沟或周期性流水的荒溪中的地表径流，流动速度极快，时间短，形成暴涨暴落的现象，冲刷力与破坏力强，流动过程中往往携带大量泥沙。引发山洪的流域面积一般小于50平方千米，历时几小时到十几小时不等，很少会超过一天以上。

　　发生山洪的溪沟在山区也可以分为上、中、下游三个组成部分。

　　上游集水区，就像一个宽广的漏斗，逐渐收缩到隘口。上游区域的特点是水流有侵蚀作用，如塌方、滑坡和雨水的冲蚀，水流对沟道的侵蚀等，然后泥沙被水流卷携带往中游。

　　中游流通区，这个界限很难明确划分，一般是指上游集水区与下游

沉积区之间的过渡段。理想的状况下，这一区域内既没有侵蚀，也没有沉积现象的发生。该区域的特征是水流主要起到输送泥沙的作用。其中，黏土、粉沙及小云母片等以悬浮形式运动；沙粒、砾石等重量较大，则以跳跃形式运动。

　　下游沉积区，也被称为洪积扇。洪积扇就像半个锥形体，锥尖对着溪沟出口，锥底沿沟汇入的河流展开。山洪流出沟口后，因为坡度减缓，挟沙能力也相应减弱，造成泥沙的大量沉积。洪积物会有一定的分选性，但分选性远远差于一般洪水的堆积物。

　　山洪同江河洪水还有一个显著差别，那就是山洪的含沙量较大，但小于泥石流的含沙量。随着山洪中挟带的泥石越来越多，其性质也将发生变化。山洪和泥石流在运动过程中是可以相互转化的，但是两者的运动机理不同，研究方法上也存在着较大的差异。对山洪一般可以采用水力学的方法进行研究，而对泥石流则不能这么简单，单纯用水力学的方法就难以解决了。

1.山洪的活动规律

暴雨是影响山洪的众多因素中的决定性因素。山洪同暴雨两者的时空分布关系密切。每年6～9月是我国的雨季，也是大部分地区暴雨频发的时期。山洪灾害一般都出现在这一时期，尤其是7～8月最多。

暴雨同地形的一定组合会利于山洪的形成。只要地形达到一定的陡峻条件，一旦强暴雨出现，就可能引发山洪并造成灾害。同一地区中山的迎风面由于地形的抬升作用，暴雨发生的频率会比较高，强度也大，更容易诱发山洪的出现。

山洪具有重发性，也就是说，在同一流域，甚至同一年内都可能多次发生山洪。

山洪还有一个活动规律需要引起重视，并提高警惕，那就是山洪具有夜发性，暴雨山洪常在夜间发生。这一现象可以解释为：在白天，山下、山麓（山坡和周围平地相接的部分）空气剧烈增温，促使气流上升，并在黄昏时形成云。由于夜间气温下降，使云转化为雨降落，如果局部增温能促使从远处移来的不稳定的潮湿气团上升，就会促成暴雨发生，而且强度很大。暴雨山洪常在夜间发生，而夜晚人们的警惕性降低，不能及时观测各种爆发山洪之前的先兆，山洪的突然爆发，常常让人措手不及，这对于保护人畜财产，以及进行观测研究都是非常不利的，并由此带来许多困难

和造成严重的灾害。

2.山洪灾害的特征

（1）分布广泛

我国地处东亚季风区，季风气候造成我国降雨在年内高度集中的现象，因强降雨而引发的山洪灾害发生最为频繁，造成的危害也最为严重。暴雨活动的广泛性也影响了山洪灾害的分布，使其波及范围更为宽广，尤其严重的是溪河洪水灾害。我国山丘区流域面积在100平方千米以上的河流约有5万条，其中70%以上的河流因受降雨、地形、人类活动的影响，经常发生山洪灾害。

（2）季节性强

我国的洪水季节性强，相对发生频率比较高。汛期是山洪灾害的多发期，特别是主汛期。一般来说，全年有80%以上的山洪都发生在6～8月份。

（3）突发性强

我国最常出现的是暴雨山洪，也是灾害最为严重的一种山洪。暴雨的

发生有其突发性，由此引发的山洪灾害也具有突发性，因此预报难度大，更加剧了山洪灾害的严重性。

（4）成灾迅速

山洪的暴发历时很短，成灾过程非常迅速，破坏性也很强，在山洪过境的瞬间就能造成巨大危害。山丘地区因为山高坡陡，溪河密集，降雨会迅速转化为径流，而且汇流很快、流速很大，降雨后几个小时就能形成灾害性规模，造成各种损失，防不胜防。

（5）范围集中

山洪的成灾对象是山洪直接接触到的区域及建筑设施等，成灾范围不大但是非常集中，基本上是顺坡沿沟向下游延伸的，山洪的成灾面积相比洪水的成灾面积较小，但远远大于泥石流的成灾面积。

（6）冲击为主

山洪一般都有较高的水位及很大的瞬间流量，主要以冲击的形式进行破坏。山洪一般都发生在陡峻的山区，因此一次山洪的总径流量不大，造成涝灾的可能性比较小。但是，山洪对沟道及沟岸的农田具有毁灭性的破坏作用。

（7）破坏性强

山洪造成的危害破坏性强，后果严重。山洪灾害发生时一般都伴随出现滑坡、崩塌、泥石流等地质灾害，能够造成河流改道、公路中断、田地被冲淹、房屋倒塌和人员伤亡的惨剧发生。

3.山洪灾害的破坏作用

山洪灾害形成后，会给人类的生产生活造成很大的危害，尤其是工业农业等人口密集区。主要破坏现象如下所述：

山洪冲毁农田，造成农业大量减产，甚至绝产。有时还会造成田地连续多年都处于减产减收的状态。

山洪冲塌房屋，给人们的生命财产造成严重损失。

山洪冲淹城镇，给人员密集区的设施建筑等造成十分严重的损失。

山洪破坏基础设施，造成交通堵塞、电力、通信设施的中断，等等。

少见的特大山洪造成的灾害后果是更大的。使得河流改道、冲断桥梁、淹没涵闸等水利工程，有时甚至造成大坝、堤防溃决。

4.山洪危害的表现形式

山洪对其活动区（包括集流区、流通区、堆积区）内的城镇、居民、农业、工业、交通、旅游、通信、生态环境、水利设施、自然资源等均会造成直接破坏和伤害。同时山洪携带的大量泥沙也会堵塞干流，给干流上、下游地区造成危害。

山洪的危害根据其规模、性质、地形条件和受害对象的不同，表现为多种形式，主要有以下几种。

（1）淤埋

在洪区流域的中下游地区，也就是山洪活动的平缓地带，山洪流速降低。山洪所携带的大量泥沙沉积，淤埋各种目标。山洪规模越大，上游地势越陡峻，造成的阻塞则越严重，对中下游淤埋也就越严重。

（2）冲刷

在山洪的集流区和流通区内，大量坡面土体和沟床泥沙被带走，使山坡土层被冲刷减薄甚至剥光，成为土壤贫瘠的荒坡；河床两侧被山洪冲刷，造成两岸岸坡崩塌，严重破坏了沿岸的交通、水利等工程设施。

（3）撞击

快速运动下的山洪，尤其是当其中含有较大沙石的时候，形成很大的冲击力，能撞毁桥梁、堤坝、房屋、车辆等各种山洪路径之内的固定设施和活动目标。

（4）堵塞

山洪一旦汇入河水的干流，携带的大量泥沙沉积，堵塞河道，抬高上

游水位，迅速淹没上游沿岸。如果堵塞的泥沙发生溃决，又将形成新的大规模的山洪，严重破坏下游水域及其沿岸地区。

（5）漫流改道

沟床坡度减缓的地方，会淤积大量的泥沙，抬高沟床，造成山洪的漫流改道，冲毁或淹没下游及其沿岸各种设施建设。

（6）磨蚀

山洪活动中会携带大量泥沙，对各种保护目标及其防治工程造成严重的磨蚀。

（7）弯道超高与爬高

山洪的流动速度很快，所以有较强的直进性。山洪在弯道处流动或遇到阻塞时，超高或爬高的能力很强。有时甚至爬脊越岸，淤埋各种目标。

（8）挤压主河道

山洪带来的大量泥沙不断扩大洪积扇，形成滩地，并将主河道（干流）逼向对岸，使对岸遭受严重冲刷，造成岸坡失稳，并且由于改变流路，使沿岸各种设施遭受危害。

5.山洪的成因分类

山洪按其成因可以分为三种类型，分别为：暴雨山洪、冰雪山洪、溃水山洪。

（1）暴雨山洪

在暴雨作用下，雨水迅速聚积向沟谷，形成强大的暴雨山洪冲出山谷。

（2）冰雪山洪

由于迅速融雪或冰川迅速融化而成的雪水直接形成洪水，向下游倾泻而成的山洪。

（3）溃水山洪

拦洪、蓄水设施或天然坝体突然溃决，所蓄水体破坝而出形成山洪。

以上山洪的出现可能是一种因素单独作用，也可能是几种成因联合作用。在这三类山洪中，暴雨山洪在我国分布最广，暴发频率最高，危害也最严重，所以关于山洪的描述多以暴雨山洪为主进行阐述。

6.山洪的危害

人们一般把山洪、泥石流、滑坡等灾害统称为山地灾害。其中，山洪作为一种广泛存在的自然灾害，与自然环境和人类的社会经济活动有着密切的关系。它在山地灾害链（即由一种原发的主要灾害诱发出一系列的次生灾害）中属于主灾。例如，暴雨—山洪—泥石流—滑坡—崩塌这样的灾害链。目前，由于气候变暖、地球变异等各种原因的诱因，山洪等山地灾害已经进入一个新的活动期，发生日益频繁，危害日趋严重，影响也逐步扩大。

我国是一个多山国家，山区面积约占国土总面积的2/3，全国2859个县级行政区中就有1500多个位于山丘区，约7400万人不同程度地受到山洪及其诱发的泥石流、滑坡灾害的威胁。我国山洪发生的频次、强度、规模以及造成的经济损失、人员伤亡等方面都是处于世界前列的。据统计，

从1950年到1990年，我国因山洪灾害影响，导致农田的每年平均受灾面积达到300万公顷，每年平均坍塌房屋80万间，造成15.2万人死亡，占同期洪涝灾害死亡人数的67%。从1990年到2000年，十年间因山洪灾害影响，导致农田每年平均受灾面积达540万公顷，每年平均坍塌房屋110万间。1992~2004年全国因山洪灾害死亡约2.5万人，占同期洪涝灾害死亡人数的65%。

山洪的危害主要表现在以下几个方面：

（1）对道路通信设施的危害

铁路、公路、通信等设施在山区经济建设中占有很重要的地位。山洪往往会对这些设施造成严重损害。由于这些工程设施不可避免地在山地间穿梭，跨越沟壑翻越山岭，如果在设计施工中，没有正确认识到山洪可能会造成的威胁，对山洪的防范缺乏认识，措施不力，山洪暴发时，将会造成重大损失。

（2）对城镇的危害

为了城镇的规划与布局，山区城镇常修建在洪积扇上。但这也是山洪的必经之路，一旦山洪暴发，会对城镇建筑造成直接的冲击伤害，给人民生命财产造成很大的危害。

（3）对农田的危害

山区农田一般都分布在河坝与冲积扇上或沟道两侧，没有防洪设施。山洪一旦暴发，所裹携的大量泥沙冲向下游，会冲毁或淤埋沟口以下的农田。

（4）对资源的危害

山区有丰富的自然资源，要充分认识到山洪的危害，做好有效的防治措施，否则山区的资源难以开发利用，妨碍了山区的经济发展。

（5）对生态环境的危害

山洪的频繁暴发，使山体的表层结构遭到破坏，土壤的侵蚀量增加，水土流失加剧，山区生态环境持续恶化，加剧山地灾害的发生和活动。

（6）对社会环境的危害

山洪常发地区，人们无法安心从事正常的生活与生产，一到雨季人心惶惶。有的山区城镇，为避免山洪等山地灾害的威胁，被迫选择搬迁。

7.山洪的时空分布

山洪和一般的洪水不同，具有流动速度快、冲刷能力强、含沙量高、破坏力大、水势暴涨暴落、历时短的特点。山洪与暴雨的时空分布是一致的。每年春夏之交，我国华南地区暴雨开始增多，山洪发生的概率随之增大，受其影响的珠江流域在 5 ~ 6 月的雨季易发生山洪；随着雨季的延迟，西江流域在6月中旬至7月中旬一月间最易发生山洪；6~7月主雨带向北移动，受其影响的长江流域易发生山洪；湘赣地区在4月中旬也有可能发生山洪；5~7月湖南境内的沅江、资水、澧（音lǐ）水流域易发生山洪；清江和乌江流域在6~8月易发生山洪；四川省汉江流域为7~10月易发生山洪；7~8月在西北、华北地区易发生山洪。另外，台风天气系统的影响也会引发山洪的发生，沿海一带在6~9月的雨季最有可能发生山洪。

（二）山洪的形成过程

足够大的暴雨强度和降雨量是山洪形成的必要条件。而从暴雨的出现到山洪的发生则有一个复杂的产流、汇流和产沙过程。

1.产流过程

产流量是指降雨形成径流的那部分水量，以毫米计。

流域的产流过程受到很多因素影响，其中包括有降雨、蒸发、下渗及地下水等。

（1）降雨

降雨是山洪形成的最基本条件，降雨的强度、数量、过程及其分布，对山洪的产流过程影响非常大。降雨量必须大于损失量才能产生径流，所以一次山洪总量的大小，也就取决于暴雨的总量。

（2）下渗

我国干旱地区，植被覆盖较差，降雨稀少，地下水埋藏深，土壤缺水量大，一次降雨往往不能满足土壤的含水量需要。如果要产生径流，就必须要满足降雨强度大于下渗率的条件。产生的径流主要是地表径流。而在湿润地区，年降雨量充沛、地下水位高、土壤湿润且下渗能力强，包气带（指位于地球表面以下、潜水面以上的地质介质，也称为非饱和区）土层很容易蓄满而形成径流，包括地表径流和地下径流。

山洪一般是在短时间内的强暴雨作用下发生的，形成山洪的主体也是地表径流。因此，不管是干旱地区还是湿润地区，地表径流的产流形式均为超渗产流，不同的是在湿润地区往往需要更大的降雨强度。

（3）蒸发

蒸发是影响径流的重要因素之一。每年由降雨产生的水量中，很大一部分都被蒸发没了。

有资料统计，我国湿润地区年降水量的30%～50%和干旱地区的80%～95%都损耗于蒸发。但山洪的暴雨产流过程时间很短，其蒸发作用仅对前期土壤含水量有影响，雨间蒸发则可以忽略不计。

（4）地下水

在山区高强度暴雨条件下，地表径流量很大，而且汇流速度很快，极易形成大的洪峰。而地下径流对山洪的形成作用影响不大。它主要是由于重力下渗的水分经过地下渗流而形成的，径流量小，出流慢。

2.汇流过程

山洪的汇流过程分为坡面汇流和沟道汇流。是由暴雨产生的水流从流域内坡面及沟道向出口处的汇集过程。

（1）坡面汇流

坡面汇流指的是水体在流域坡面上的运动。坡面通常由土壤、植被、岩石及松散风化层所构成。人类活动主要在坡面上进行，如农业耕作、水利工程和山区城镇建设等。受到微地形的影响，坡面流一般是沟状流。如

果降雨强度很大，也可能是片状流。因为坡面表面粗糙度大，导致水流阻力很大、流速较小，所以坡面流程一般不长，仅100米左右，因此坡面汇流历时较短，从十几分钟到几十分钟时间不等。

（2）沟道汇流

沟道汇流指的是经过坡面的水流进入沟道后的运动，也被称为河网汇流。流域中的大小支沟组成及分布错综复杂，各支沟的出口相互之间都有不同程度的干扰作用。因此沟道汇流要比坡面汇流复杂。沟道汇流的流速也比坡面汇流快。但由于沟道长度比坡面要长，沟道汇流的时间长于坡面汇流时间。流域面积越大，沟道越长，对山洪的形成就越不利。所以，山洪一般发生在较小的流域中，其汇流形式以坡面汇流为主。

（3）影响流域水流运动的主要因素

降雨空间分布：降雨的空间分布不均匀是很普遍的现象。所以，同样的降雨总量和降雨过程，因为空间分布的不同，所形成的洪水过程也不同。暴雨中心在下游所形成的洪水同中心在上游的洪水相比，其过程线形状尖瘦，洪峰出现时间也比较早。此外，降雨中心如果从上游向下游移动，则形成的洪峰量大，峰值也比较高；反之则峰量较小。

降雨强度：不同的降雨强度对流域汇流的供水强度不同。在同样的降水总量情况下，降雨强度越大，洪峰流量越大。

流域坡度和水系形状：流域的平均坡度越大，坡面流速和沟道流速也就越快，降雨形成山洪所需的时间则越短。流域形状和水系分布对山洪的形成也有明显的影响。

水源比重：降雨后形成的地表和地下径流比重上的差异主要与降雨强度和下垫面的土壤、植被以及地质条件有关。根据下渗的物理过程可以知道，降雨强度越大，地表径流的比重越大。

3.产沙过程

山洪挟带泥沙极多的地区，一般都是地质构造复杂、断裂褶皱发育、新构造运动强烈、地震烈度大的地区，是山洪固体物质的丰富来源，最容易导致地表岩层破碎以及发生山崩、滑坡、崩塌、错落等不良

的地质现象。

剥蚀过程以及流域中所积累的历史山洪的携带物、冲积物和冰水沉积物，形成了山洪中所挟带的泥石物质。剥蚀作用是指地球表面上岩石破坏过程及破坏产物从其形成地点移往较低地点的搬运过程的总称。对于山洪而言，有三种很重要的剥蚀过程或作用：风化作用、破坏产物沿坡面的移动（崩塌、滑坡）、侵蚀作用。这些不仅能直接为山洪提供丰富的物质来源，而且为阻塞溃决型山洪的形成提供了有利条件。

（1）风化作用

风化作用是指地表或接近地表的坚硬岩石、矿物与大气、水及生物接触过程中产生物理、化学变化而在原地形成松散堆积物的全过程。根据风化作用的因素和性质可将其分为三种类型：物理风化作用、化学风化作用、生物风化作用。各种风化作用在自然界中是彼此交错进行相互关联的。只是在不同的时间、地点条件下，对某些作用的活动表现强弱不同而已。

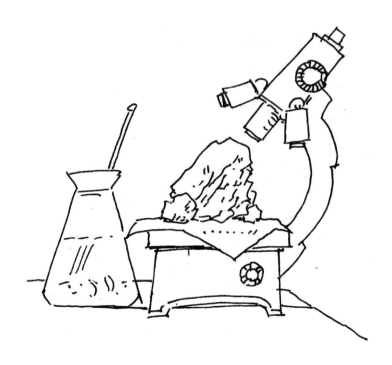

物理风化作用：是指在温度的变化下，把岩石分散成形状与数量各不相同的许多碎块。在大陆性气候地区，特别是干旱地区等昼夜温差很大的地方，这种现象最为明显。岩石是热的不良导体，急剧的温度变化会引起表层与内部受热不均，产生膨胀与收缩，长期作用结果使岩石发生崩解破碎。在气温的日变化和年变化都较突出的寒带地区，尤其是高山地区雪线附近，冻胀风化在物理风化中起着重要作用。岩石中的水分不断冻融交替，冰冻时体积膨胀，好像一把把楔子插入岩石体内直到把岩石劈开、崩碎。这是因为水渗入岩石的缝隙或孔隙后，因温度下降而冻结，水冻结后体积膨胀，足以破坏岩石的内层和表层。

物理风化作用只是指岩石由大块变成小块，由小块变成砂与细土的现象，而其化学成分不发生变化或变化极小。

化学风化作用：岩石中的矿物成分在氧、二氧化碳以及水的作用下，常常发生化学分解作用，产生新的物质。这些物质有的被水溶解，随水流失，有的属不溶解物质残留在原地。这种改变原有化学成分的作用被称为化学风化作用。它不同于物理风化作用的地方主要在于不仅使岩石破坏，而且显著地改变了岩石的矿物成分。

生物风化作用：生物在生长或活动过程中使岩石发生破坏的作用被称为生物风化作用。比如植物根系和动物活动的孔穴，以及生物分泌的有机酸与岩石作用，致使岩石发生崩解、分解而破坏，逐步形成土壤。

（2）泥石沿坡面的移动

由风化作用而产生的松散物质沿地表移动，重力是它移动的基本动力，并通过水、空气等介质间接起作用。这样的移动形成三种风化产物：残积层、坡积层、坠积层。残积层是指在原有岩石处形成的新的松散层；坡积层是指移动到剥蚀基面或坡脚的风化产物；而坠积层指的是已停止运动的风化产物。崩解、滑坡、剥落、土流、覆盖层崩塌等这些都是泥石的移动方式。

松散物质依物质的特性的不同而在坡面上能停住不动的最大倾角（安息角或休止角），在25～50度范围内变化。石块越大，则其外形越不规则，棱角也越多，其安息角也越大。一般来说，花岗石崖堆最陡

（37度）；石灰岩崖堆的安息角在32～34度；而页岩崖堆的安息角则为26～32度。物理风化能将岩石变碎，减小其安息角，促使坡积物沿坡面向下移动。

（3）侵蚀作用

侵蚀作用指的是风力、流水、冰川、波浪等外力在运动状态下改变地面岩石及其风化物的过程。对于山洪，主要是水蚀的作用，水蚀是雨蚀、冰（雪）水蚀、面蚀（分散的地表径流从地表冲走表层土壤土粒的现象）、沟蚀（暂时性线状水流对地表的侵蚀作用）、浪蚀（波浪的冲击和挟带的碎屑物质，对海、湖岸边和水底进行磨蚀）等侵蚀的总称。

雨蚀：如果谈到侵蚀作用的时候，重点常放在地表径流所引起的侵蚀作用，不太注意雨滴的冲蚀作用。其实雨滴的冲蚀作用不可忽视、非常巨大，降雨侵蚀土量的80%都是雨滴剥离而造成的，其余部分才是地表流水侵蚀造成的。所以侵蚀量在很大程度上是取决于暴雨的强度及冲击力的。

雨滴降落到地面时，最大速度可以达到8～9米/秒，降雨时雨滴冲击地表或覆在地表上的薄水层，使土粒从原位分离、破碎，四散到周围，甚至激溅到空中，激溅离地表的土粒跃起高度可超过75厘米；在平地上，土粒激溅的水平距离还能达到1.5米。

雨滴冲击土壤的能量大致是平均分布在整个坡地上，而地表径流冲刷土壤的能量则随着流速的增大自坡顶向坡脚增大。所以雨滴对土壤的冲蚀，以坡顶最为强烈，地表径流对土壤的冲刷则以坡脚最为严重。

从以上论述可以看出，"土壤侵蚀"和"水土流失"在发生机理上有明显的差异，两个概念是不能混淆的，换句话说，没有土壤侵蚀，就没有水土流失；反过来，没有水土流失，却仍然会有土壤侵蚀现象存在。所以说要防止水土流失，首先要防止土壤侵蚀，也就是要防止雨滴对表土的冲击。植被覆盖属于植物性措施，能较好地保护地面土层，植物的枝叶能够消解雨滴大部分的冲击力，甚至是全部。雨滴沿茎秆流到地表时基本都是清水状态，也容易渗入土中，不仅不会直接激溅表土，也没有土粒堵塞土壤孔隙，渗透量大，径流量小，更有利于保持水土。

面蚀：也就是表面侵蚀，是指分散的地表径流从地表冲走表层的土粒。面蚀是径流的起始阶段，是由坡面径流引起的，最常发生在没有植被覆盖的荒坡地上或山坡耕地上。坡面径流的特点是没有固定方向和冲刷力比较小，所以从地表带走的只是表层土粒。由于面蚀所冲走的是最肥沃的表层土，而且影响面积广大，因此无论是对农业生产的危害，还是对于山洪的形成，影响都是巨大的。面蚀的数量是由坡面风化产物的数量与特性，以及地表径流的强度决定的。

沟蚀：指的是集中的水流侵蚀。沟蚀的影响面积比面蚀要小，但对土壤的破坏程度则比面蚀要严重得多。沟蚀的水流比较集中，遇上较大山洪时候，发展更是迅速。严重地毁坏了耕地及灌溉渠道，冲毁铁路、公路的桥梁、涵洞等建筑物。

沟蚀按照发展程度，可以分为以下三种：

浅沟侵蚀。一般深0.5～1.0米，宽约1.0米，横断面呈扁平状，后来逐步切入母质层。

中沟侵蚀。沟宽2.0～10.0米。

大沟侵蚀。沟宽在10米以上，沟床下切至少在1米以上，沟的断面成狭长形，危害严重。

其他侵蚀。主要包括冰（雪）侵蚀、浪蚀和陷穴侵蚀。陷穴侵蚀通常发生在我国黄土区，这主要是因为是黄土疏松多孔，有垂直节理，且含有很多的可溶性碳酸钙，降雨后雨水容易下渗，溶解并带走这些可溶性物质。日久天长，内部形成空洞，当下面部分不能承担上部重量时，就会出现下陷现象，并形成陷穴。

（三）山洪的形成条件

山洪是一种地表径流水文现象，和水文学相邻的地质学、地貌学、土壤学、植物学及气候学等都和山洪有密切的关系。但是在山洪的形成中最主要和最活跃的因素，仍是水文因素。山洪的形成条件有自然因素和人为因素两类。

1.自然因素

（1）水源条件

快速、强烈的水源供给是山洪形成的必要条件。暴雨山洪的水源是由暴雨降水直接供给的。我国是一个多降水的国家，在炎热的雨季，大部分地区都会出现暴雨，强烈的暴雨侵袭，往往会造成不同程度的山洪灾害。

暴雨指的是降雨急骤而且量大的降雨。一般情况下，有的降雨强度虽大（一分钟十几毫米），但总量不大，这类降雨一般不会造成明显的灾害。而有的降雨虽然强度小些，但持续时间很长，就有可能造成灾害了。所以定义"暴雨"的时候，不仅要考虑降水强度，还要考虑降雨时间，一般都是以24小时雨量来判断。

我国南方位于低纬度地区，属亚热带、热带海洋性季风气候区，夏季风开始较早，台风影响频繁，暴雨出现的频率高，暴雨强度一般也比较大。我国东北地区，暴雨出现的频次与强度，除了在高纬度地区有随着纬度的增高而逐渐减少的特点外，还有明显的东西差异。尤其是北纬45度以南的吉林与辽宁一带，其东半部受海洋气候与地形的影响。暴雨出现的强度与频次都要多于西部邻近的内蒙古沙漠地区以及同纬度的太行山以西之北方内陆地区。我国西北及青藏高原的西部，暴雨的出现有很大的变率，

虽然也会出现一些超过年降水量数倍的降雨，但次数很少。

综上所述，暴雨的定义因地区而有所不同。这主要是因为我国各地暴雨天气系统不同，暴雨强度的地理分布不均，暴雨出现的气候特征以及各地抗御暴雨山洪的自然条件也不同。此外，一般降雨强度大的阵性降雨其每小时降水强度的变率也会比较大，甚至一小时降雨就有达到50毫米以上的可能，但一般情况下，一小时降雨同24小时降雨是有一定关系的，因此，需要特别指出的是，强暴雨的局地性和历时较短的强降雨对山洪以及泥石流的激发起着重要作用。

（2）下垫面条件

包围在地球外部的一层气体总称为大气或大气圈。大气圈以地球的水陆表面为其下界，称为大气层的下垫面。其中包括地形、地质、土壤和植被等，对气候的形成有很重要的影响。

地形：我国地形复杂，山区广大。把各种地形的分布按百分率来统计，山地占33%，高原占26%，丘陵占10%。由此可以看出，山地、丘陵和高原构成的山区面积超过了全国总面积的2/3。山区范围内，每年都会有不同程度的山洪发生。

山坡坡度的陡峻和沟道的纵坡更为山洪发生提供了充分的流动条件。由降雨产生的地表径流在高度落差大、切割强烈、沟道坡度陡峻的山区有足够的动力条件顺坡而下，向沟谷汇集，迅速形成强大的洪峰流量。

地形的起伏，也极大地影响了降雨。湿热空气在运动过程中，如果遇到山岭障碍，气流就会沿着山坡上升，气流中水汽升得越高，最后受冷，逐渐凝结成云而形成降雨。地形雨多降落在山坡的迎风面，而且往往只在固定的地方出现。从理论上来看，暴雨主要出现在空气上升运动最强烈的地方。地形能够抬升气流，并加快气流上升速度，因而山区的暴雨频率大于平原，也为山洪提供了更加充分的水源条件。

地质：地质条件对山洪主要有两个方面的影响，一是为山洪提供固体物质，二是影响流域的产流（即降雨量扣除损失量）与汇流。

山洪多发生在地质构造复杂，地表岩层破碎，滑坡、崩塌、错落发育地区，这些地区较少或者没有植被覆盖，土质疏松，地表结构不稳定，这种不良地质现象为山洪提供了丰富的固体物质来源。此外，岩石的物理、化学风化及生物作用形成的松散碎屑物，在暴雨作用下大量地参与到山洪运动中，这也是山洪的固体物质来源。降水对表层土壤的冲蚀及地表水流对坡面及沟道的侵蚀，也极大地增加了山洪中的固体物质含量。

一般说来，透水性好的岩石由于孔隙率大、裂隙发育，有利于雨水的

渗透。所以，岩石的透水性影响了流域的产流与汇流速度。在暴雨时，一部分雨水很快渗入地下，表层水流转化成地下水，使地表径流减小，对山洪的洪峰流量有削减的作用；透水性差的岩石则不利于雨水的渗透，地表径流产流多，速度快，就会加剧山洪的形成和暴发。

地质变化过程决定了流域的地形，构成流域内的岩石性质，滑坡、崩塌等现象，最易加剧山洪的暴发，对山洪破坏力的大小，也有很重要的影响作用。但是地质变化过程并不能决定山洪是否形成，或在什么时候形成。也就是说，地质变化过程只决定山洪中挟带泥沙多少的可能性，并不能决定山洪的发生时间及其规模。因而，尽管地质因素在山洪形成中起着十分重要的作用，但山洪仍是一种水文现象而不是一种地质现象。

土壤：山洪的形成也和山区土壤（或残坡积层）的厚度有很大的关系。通常情况下，厚度越大，越有利于雨水的渗透与蓄积，减小和减缓地表径流，对山洪的形成起到一定的抑制作用；反之，暴雨很快集中并产生面蚀（分散的地表径流从地表冲走表层土壤土粒的现象）或沟蚀（暂时性线状水流对地表的侵蚀作用）土层，携带泥沙而形成山洪，对山洪的暴发创造了有利条件。

森林植被：森林植被对山洪的形成也有影响，主要表现在两个方面。一方面，森林通过树冠能够截留降雨，枯枝的落叶层可以吸收降雨，雨水还可以在林区土壤中的入渗等，这些都削减和降低了雨量和雨强，从而影响了地表径流量。有研究发现，林冠层截留降雨的作用与郁闭度（指森林中乔木树冠遮蔽地面的程度，是反映林分密度的指标）、树种和林型有密切关系，低雨量时波动大，高雨量时达到定值，一般截留量在13～17毫米之间。另一方面，森林植被增大了地表糙度，减缓了地表径流的流速，增加了下渗水量，延长了地表产流与汇流时间。而且，森林植被还阻挡了降水对地表的冲蚀，减少了流域的产沙量。总的来说，森林植被对山洪的形成有显著的抑制作用。

2.人为因素

山洪是客观存在的一种自然现象，就其自然属性来讲，是山区水文气象条件和地质地貌因素共同作用的结果。但随着经济建设的发展，人类

活动越来越多地拓展向山区，对自然环境的影响越来越大。人类的不当活动，会增加形成山洪的松散固体物质，减弱流域的水文效应，促进山洪的形成，并增大山洪流量，使山洪的活动性增强，规模增大，危害加重。

尤其是以下人为因素造成的不利影响要特别注意。

森林不合理的过度采伐，会导致山坡荒芜，山体裸露，水土流失加剧；烧山开荒，陡坡耕种同样会使植被遭到破坏而造成生态环境的恶化。缺乏森林植被保护的地区在暴雨作用下，极易形成山洪。

山区采矿弃渣以后，会把松散固体物质堆积在坡面和沟道中。在缺乏防护措施的情况下，一旦发生暴雨，不仅会促进山洪的形成，还会导致山洪规模的增大。

陡坡垦殖虽然扩大了耕地面积，但是破坏了山坡植被；改沟造田则侵占了沟道，压缩过流断面（过流断面是与元流或总流所有流线正交的横断面），致使排洪不畅，增大了山洪规模和扩大了危害范围。

山区进行土建设施的施工中，忽视了环境保护及山坡的稳定性，造成山坡失稳，引起滑坡与崩塌；施工弃土不当，则会堵塞排洪流径，降低排洪能力。

三、灾害预防

（一）滑坡的预防

1.什么时候最容易发生滑坡

一场大雨过后或持续的连绵阴雨天气。

地震期间。

每年春季融雪期。

在滑坡易发期间，积极稳妥的预防工作非常重要。应充分做好减灾、救灾工作。

2.容易发生滑坡的山体特征

斜坡岩、斜坡土层在被各种地质构造面分离成不连续状态的时候，就有可能具备向下滑动的条件。

如果山坡上已经出现了明显的裂缝，并有加宽、加长现象的时候，这可能是发生滑坡的预兆。破碎、松散、风化强烈以及风化深厚的岩层较易发生滑坡。

经过雨水的作用，山体性质易发生变化，如黄土、泥岩、板岩、页岩、凝灰岩等软硬相同的岩层易发生滑坡。

切忌：忽略周围山体可能发生滑坡可能性的预兆，但也不要以为什么样的山体都可能发生滑坡。

3.滑坡来临前的征兆

滑坡到来前有许多前兆，及时发现滑坡前兆是成功避灾的前提。滑坡的预兆有：

滑坡前缘土体突然强烈上隆鼓胀。

滑坡前缘泉水流量突然异常。

滑坡地表池塘和水田突然下降或干涸。

滑坡后缘突然出现明显的弧形裂缝。

滑坡体运动速度的突然变化。

断流泉水突然复活，或泉水、井水水质混浊甚至忽然干涸。

滑坡体后缘的裂缝扩张，有冷气或热气冒出。

有岩石开裂或被挤压的声音。

山坡上建筑物变形，树木向一个方向倾斜，动物惊恐异常。

4.滑坡前兆的具体表现形式

（1）山坡上有裂缝出现

滑坡裂缝是随着滑坡形成的变化而变化的，是滑坡形成过程中一种非常重要的伴生现象，随着滑坡的不断发展，裂缝也会由短变长、由少变多、由断断续续到相互连贯。

土质滑坡后缘裂缝张开比较明显，顺着山坡的水平延伸方向分布，裂缝带或裂缝的平面形态具有向山坡上部弧形凸出的特征；滑坡两侧的裂缝顺山坡倾斜方向延伸，大多数情况下比较平直，并有水平错动的表现，如果有裂缝壁露出地表，上面通常可以见到水平错动留下的滑坡擦痕。

对于岩质滑坡，滑坡裂缝的组合形态和展布方向，通常受节理面和岩层面的影响而被复杂化，规律性表现得非常差。

出现地面裂缝，意味着山坡已经处于不稳定状态。水平扭动裂缝和弧形张开裂缝圈闭的范围，就是可能发生滑坡的范围。

（2）山坡坡脚松脱或鼓胀

少数情况下，受河流冲刷或人为开挖坡脚的影响，山坡下部会形成新的凌空面，使滑坡迹象首先在山坡坡脚处显现出来。常见现象有以下两种：

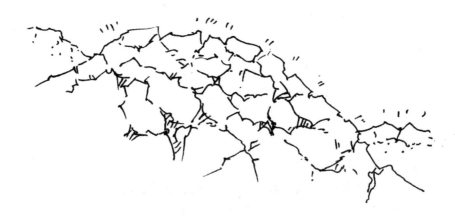

　　如果滑坡前部存在阻挡滑动的阻滑带，受后部滑坡推挤，滑坡前缘的地面上会出现丘状鼓起，顶部常有放射状或张开的扇形裂缝分布。如果山坡坡脚发生丘状隆起，存在推移式滑坡正在形成的可能。

　　斜坡前缘岩层或土体发生松脱垮塌，一般情况下，垮塌的土体比较湿润，垮塌的边界不断向坡上扩展。如果山坡坡脚先发生松脱垮塌，并且松脱垮塌范围不断向坡上发展，可能有牵引式滑坡正在形成。

（3）山坡的中上部发生沉陷现象

　　当地面有较厚的近期人工填土或地下存在采空区、巷道、溶洞时，有时会由于填土自然压密或洞顶失稳导致地面沉陷，这种情况下，地面陷落必然与填土范围或地下采空区、巷道、溶洞有明显的对应关系。

　　经过调查分析得出结果，如果山坡上出现的局部沉陷与填土范围或地下采空区、巷道、溶洞没有对应关系时，这种沉陷就很可能是即将发生滑坡的前兆。

　　自然或地下采空区、巷道、溶洞引发的地面塌陷，陷坑平面形态通常表现为椭圆形、圆形、条带形或其他形态；多数情况下，滑坡引起的地面沉陷，陷落带平面形态呈新月状，"月弦"位于下坡一侧。

（4）斜坡上建筑物变形

　　斜坡变形程度不大时，在耕地和土质地面上不容易被发现；相比之下，地坪、房屋、水渠、道路等人工构筑物却对变形非常敏感。

　　如果发现各种建筑物相继发生变形，并且变形建筑物在空间分布上具有一定的规律性时，接下来要调查是否受到其他自然或人为因素的影响，经过调查排除自然或人为因素的影响时，就有可能是发生滑坡的前兆。

（5）井水、泉水的异常变化

　　滑坡发展过程中，由于土层、含水岩层被错动，地下水水质和水量动态也会发生相应的变化。如果发现井水水位不稳定，忽高忽低或者干涸；蓄水池塘突然大量漏失；泉水水质突然变得浑浊，流量突然变大、变小，甚至断流，原来干燥的地方突然出现泉水或渗水等现象时，有可能是滑坡来临前的征兆。

　　并不是所有的异常都是滑坡来临时的征兆，如地下工程施工时的排水活动，也会导致局部地下水位下降，相应的井水流量、泉水或水位变化，这类变化就不属于滑坡前兆。

　　（6）地下发出异常的声响

　　滑坡发展过程中会造成地下岩层剪断，巨大石块之间发生相互摩擦或推挤，可能会产生一些特殊的声响。当听到地下传出异常响声时，应该注意家畜、家禽是否有异常反应，动物对声音的感觉要比人类灵敏得多，它们往往能先于人类感知危险的逼近。

　　（7）滑坡地区的植被有何变化

　　斜坡植被的变化也是判断滑坡的重要依据。不同的滑坡运动，其植被的变化也不同。

　　当斜坡发生过一次或数次剧烈滑动时，斜坡上的树木会出现东倒西歪的现象。

　　当斜坡缓慢地长时间发生滑动时，坡上的树木会朝坡上或坡下一侧弯曲或倾斜。

　　这时候，一般树木都是成批地朝一个方向倾斜，要对滑坡先兆加以正确辨别，不要因为个别的一棵树的倾斜现象而慌乱。

（8）各种前兆的相互印证

不同环境下的滑坡，滑坡前兆出现的多少、延续时间的长短以及明显程度也各不相同。有些异常现象也可能是由于受到非滑坡因素的影响而引起的。因此在判定滑坡发生的可能性时，要尽量排除非滑坡因素的影响，做到多种异常现象相互印证，才能做出正确的判断，进而采取针对性的防范措施。

如果已经出现异常现象但无法判定是否会发生滑坡时，应该坚持"宁可信其有，不可信其无"的原则，积极采取避灾措施，然后再请专业人士来判断。

5.如何避免遭遇滑坡

（1）前期预防

滑坡多发季节，和滑坡多发地区，不要在危岩下避雨、休息和穿行，也不要攀登危岩。

如果在夏汛时节去山区峡谷郊游，事先一定要收听天气预报，关注天气变化，不要在大雨后或连阴雨天进入山区沟谷。

（2）外出旅游如何避免遭遇滑坡

首先，要尽量避免在滑坡频发季节到滑坡多发地区旅游。

外出旅游时一定要远离滑坡多发区。

通过那些易发生滑坡的地区的时候尽量选择在滑坡发生可能性最小的季节。

地质灾害预报也是很好的参考资料，多留意滑坡发生的前兆。

（3）野营时如何避免遭遇滑坡

在滑坡易发生的季节尽量避免在山坡宿营。

野营时避开陡峭的悬崖和沟壑。

野营时不要选择植被稀少的山坡。

非常潮湿的山坡也是滑坡可能发生的地区，在野营时，要尽量远离这些地区。

不要在已出现裂缝的山坡游玩、宿营。

在雨季来临时不要进入滑坡多发区旅游。

（4）如何抑制滑坡发展

滑坡的发生是可以避免的，我们应该学习主动消除和抑制滑坡形成的因素，或延缓滑坡的形成。

发现滑坡后，立即向政府或地质灾害负责部门报告，以便上级部门尽快了解灾情，采取稳妥的方案或措施进行减灾、防灾工作。

地方政府应号召群众尽可能主动采取措施，如加固堤防，保护植被等。延缓或避免滑坡灾害的形成和发生。

使用填埋地面裂缝，把地下水和地表水引出可能发生滑坡区域等方法，提高斜坡的稳定性。

避免采取不正确的措施，加速滑坡灾害的形成和发展。

6.在容易发生滑坡的地区如何选择避难房屋

为了避免遭受严重损失，应仔细认真地进行各方面检查。以下情况一定要注意：

检查房屋地下室的墙上是否有裂缝、裂纹现象。

观察房屋周围的电线杆或树木是否有向一方倾斜的现象。

房屋附近的柏油马路是否有变形情况出现。

7.滑坡来临前，如何提前做好必要的物资准备

滑坡多发地区，平时就应注意滑坡的预防工作，并准备好相应的物质资料，防止滑坡突发情况下的慌乱。如果根据当时的天气情况和各种滑坡的预兆确定滑坡将要发生的时候，应在避灾场所预先做好必要的物资准备，做到有备无患。比如：

选择安全妥善的避灾场所，并在避灾场所搭建临时住所。

及时迅速地将群众的财产和生活必需品转移到安全避灾场所，避免灾害对人民生命财产的危害。

根据实际情况，准备好必要的交通工具、检查好通信器材，保持和外界的通信畅通；准备可能会用得上的常用药品；滑坡灾害常伴有恶劣天气的出现，要提早备好雨具、保暖衣物、手电等。

准备充足的食品和干净的饮用水。

8.滑坡灾害多发区的建房要求是什么

在滑坡多发区，为减免滑坡所造成的危害，修建房屋时候一定要注意选择安全的场所，这是防止滑坡灾害的重要措施。

选择稳定、坚固的场地建设村寨、房舍和各种建筑设施。

做好专门的地质灾害危险性评估，根据评估结果来选择村寨、房屋的位置。

在整体村寨规划建设中，民宅、学校等人员密集建筑物一定要避开地质灾害危险性评估指出的滑坡易发生场地。

9.滑坡地区如何正确开挖坡脚和堆放土石

违规开挖坡脚和违规堆放土石会造成严重的滑坡隐患。

在修路、建房、整地、挖砂、采石、取土时不能随意地盲目建筑，不要随意开挖坡脚，尤其是房屋的前后不要随意开挖坡脚。

开挖坡脚之前，应事先向专业技术人员进行咨询或在其现场指导下进行开挖。

开挖坡脚后，要及时实行砌筑挡土墙和排水孔等一系列保护山坡的措施。

不要在房屋的上方斜坡地段堆放土石，废弃土石量较大时，要选择专门的安全的场地进行堆放。在斜坡上堆弃土石，也易造成滑坡隐患。

禁止随意开挖坡脚，使山坡成为险坡，增加滑坡的发生概率和威胁。

10.防治滑坡的工程措施有哪些

消除或减轻水的危害、改变滑坡外形、设置抗滑坡建筑物和改善滑动带土石性质等，这都是防治滑坡的工程措施。

具体包括：

在滑坡体外设置截水沟，在滑体上的地表设置排水沟；做好引泉工程建设和滑坡区的绿化工作。

建设截水盲沟；支撑盲沟；盲洞、渗井、渗管、垂直钻孔。

修筑钢筋混凝土块排管，铺设石笼。

用焙烧法、爆破灌浆法改善滑动带的土石性质。

11.强化减灾防灾意识，建立科学的灾害防御系统

防范滑坡灾害的发生，不只需要注意外界的客观先兆，还要充分调动群众的积极性和能动性，群策群力，及时做好防范措施，共同防灾、减灾。

及时清理疏浚河道，保持河道、沟渠的通畅。

滑坡地区的排水通道要保持畅通，可以根据具体情况砍伐临空面上部的危树和高大树木，减少灾害的威胁概率。

公路的陡坡应尽量地削减坡度，以防公路沿线崩塌、滑坡。

发动群众，积极配合相关技术人员对村寨、乡镇等存在安全隐患的地区进行严密排查，特别要对滑坡中的裂缝、泉水、水量变化等现象做好及时的观测，进行群测群防。

避免沟道泥沙淤积、漂木阻塞沟口。

（二）滑坡灾害预防措施

保护好、利用好山区的生态环境，维护斜坡的稳定，是每个山区人民的立足之本。而滑坡、崩塌又是山区最严重的灾害之一，预防这些灾害的发生，就成了每个山区人民的首要任务。预防滑坡、崩塌灾害的措施很多，根据山区农村的实际，要预防或减少滑坡、崩塌等灾害的发生，应注意以下几方面的问题。

1.努力学习防灾、减灾科普知识与技术

山区人民，尤其是居住在斜坡上的村民，为了更好地保护自己的生命财产安全，应该学习掌握滑坡、崩塌等灾害的科普知识和减灾防灾技术。具体措施如下：

各地区政府应将减灾防灾的科普宣传教育列入各地方的主要工作日程，并由县级国土资源局做出具体的应对方案。此外，应该考虑将这些科普知识纳入中小学文化教育中，做到全民普及，增强全民的防灾意识。

各基层领导应该首先学习掌握滑坡、崩塌等灾害科普知识，掌握减灾防灾的一般技术与方法，并利用下乡村的时间，对斜坡环境的安全问题进行巡视调查。

居住在斜坡上的广大村民也应主动参加减灾防灾科普知识的学习，把这些知识应用到实际生活中，比如，学会在自家房前屋后调查斜坡变形的方法和技术，如果发现房前屋后山坡已经出现拉张裂缝变形，应立即向上级(村、乡)报告，以便上级派专业人员来进一步调查、分析。居住在斜坡上的村民要懂得利用科普知识保护自己。

滑坡多发地的基层广播电视局应该组织有关减灾防灾科普知识宣传教育的专题讲座或科普教育影片。专门从事减灾防灾的科技人员，应多写一些有关减灾防灾的科普宣传教育材料，供广大的山区农村在减灾防灾的实际中应用。

2.斜坡上进行道路、房屋建设时预防滑坡、崩塌的措施

在斜坡上开挖，如果设计施工不科学，滥挖乱建，很容易引起新的滑

坡、崩塌。因此在道路、房屋等建设施工之前都应进行实地勘测、设计。施工过程中，要尽量避免引起新的小型滑坡、崩塌。具体措施是：

开挖边坡时应从上至下开挖，千万不能放大炮震动。开挖的坡高和山坡的坡度斜率、山坡岩性都有一定的关系。

开挖边坡应该跳槽开挖，及时支护。土质边坡和强风化破碎岩石边坡，开挖高度两米以下的可不作支护，较完整的岩质边坡五米以下的可不作支护，其他边坡应作支护。

尽量不要在老滑坡体上修建房屋和其他设施。如果道路的建设需要从老滑坡体前缘通过，应该尽量绕避，不要开挖滑坡的坡脚。如果不得不进行开挖的时候，一定要先对老滑坡进行稳定性评价，确认基本稳定后方可开挖，同时做好抗滑工程。

3.其他预防措施

严禁滥挖乱建、乱排乱放，造成斜坡的不稳定。对生产生活用水，生产废水与生活污水的排放做好防范措施，应由专门的管道排放。

密切关注斜坡上的渠道、蓄水池、塘渗漏，如果发现渗漏，一定要

及时修补堵漏。在斜坡上灌水、浇地，尽量不用漫流灌溉，最好是推广喷灌。若灌溉斜坡上的稻田，应特别注意坡脚的渗漏，出现渗漏的话，要立即停止灌溉。坡度大于10度的斜坡不适宜耕种水稻田，最好是改种旱地作物。

疏通房前屋后的排水系统，预防暴雨、洪水的冲刷造成堵塞。在沟边或河边进行房屋建筑时，不侵占沟、河的行洪断面，让沟、河畅通无阻。

雨季时经常观察房前屋后斜坡的变形，每次大雨、暴雨或在久雨时候，要注意观察斜坡的开裂变形动向。若发现房前屋后斜坡有明显的拉张开裂变形，应及时向县、乡、村主管部门报告，请专业人员查看解决。

如果房前屋后有明显的开裂变形现象，并经主管部门考察分析确实有加快变形的趋势。但是又没钱建新房，这时可以采取暂时借助别处的措施，等到条件允许时，在别处建立新房。

4.崩塌防治与危岩加固

危岩体是崩塌前的岩体，危岩可演化成落石、滚石、掉块等，它不一定演化为崩塌。只要处置了危岩，就算是治理了崩塌和其他演变方式。现在，使用最多的处置危岩方法有：

（1）清除危岩体

已有拉裂变形的陡坡或陡崖称为危岩体。危岩上已有松动状况的岩块称为危岩松动体。危岩的主要特征是岩块松动和陡坡上的拉裂变形。一旦出现了危岩，首先要考虑的工程措施就是以治本为出发点，即清除危岩体，而其他工程措施只能把崩塌发生的时间推迟而已，它们都不能把危岩的存在解除。因此，只要有条件，都要采取削方、清除危岩体的措施。

人工削方清除：如果危岩松动带是岩体破碎、无大岩块的强风化岩层，那么，就可以用人工削方的方法清除危岩松动带。首先，要逐层清除危岩松动带上缘，直至全部清除完危岩松动带。为求稳定，斜坡面在清除后最好呈阶梯状。土质边坡在45度以下，岩质边坡在60度以下。

爆破碎裂清除：如果危岩体岩体坚硬、块体大，且没有房屋和其他地面易损建筑在它的前方，可用爆破碎裂法清除危岩体。首先，仍是先清除

危岩松动带上缘，按照设计打炮孔，用炸药逐层将其碎裂予以清除。最好是用小爆破，炸药的药量要进行控制，同时，要避免飞石伤人损物，对施工人员和环境的安全要予以关注。

　　膨胀碎裂清除：如果有房屋和其他地面易损设施在危岩体的前方，可用膨胀碎裂法清除危岩松动带。其施工步骤为：在危岩松动带的上缘，沿垂直或微斜向下的方向打若干炮孔，这些孔都用静态膨胀炸药装2/3孔深，用纯黏土填实密闭上部1/3孔深。膨胀炸药在吸湿后会剧烈膨胀，因此，可以碎裂岩体，然后，要安排人把碎裂的石块清除到指定的位置。按照这个方法，把危岩体一层一层地剥下去，在清除后，使新鲜斜坡面也呈阶梯形。

　　膨胀碎裂清除危岩松动带具有许多优点，如施工简单、安全，对环境无明显影响等，但是，它也有一定的缺点，就是投资比上面两种清除方法略高。

（2）危岩体加固措施

对于有的危岩体来说，清除它已不能成为适宜的措施时，那么，可以考虑将其进行加固。现在，危岩支撑工程和预应力锚杆(索)加固工程是应用得比较多的加固措施。

除边坡过陡外，危岩的成因还包括危岩脚是软弱地层，或者是含人工开挖的风化作用，使之形成倒"V"形——老虎嘴地形。

将倒"V"形体上部的地层顶住(支撑)，让其不再继续变形，这是支撑的目的。浆砌片石和混凝土支撑墩是用于支撑的材料。在设计上，对它没有特殊的要求，但是，对于以下几个方面却应该予以注意：

支撑墩的形状不能千篇一律，要随地形而变；

施工清基时要清除倒"V"形体内的浮土、碎石，但是，不能向里挖得太多，在基岩上放上支撑墩的全部基础；

为了保证安全，需要进行分段跳槽开挖施工，在挖好一段以后，应该及时浆砌或灌注混凝土。

（3）预应力锚索(杆)加固工程

如果岩体的脚部较好，风化成倒"V"形，但是，其上部却有开裂现象，有向临空方向倾倒的危险，那么，在这种状况下，可以使用预应力锚索(杆)加固措施将危岩体进行加固。

预应力锚固体系是用得比较广泛的边坡加固工程，它是近几十年发展起来的新技术。该工程因为要进行较为复杂的设计，而且，在施工时还要运用专门的锚杆钻机，因此，不太适宜将其推广应用于广大农村中。但是，如果是有施工条件的乡村出现小型危岩体，在经过专家现场调查确定以后，该技术也是可以应用的。

（三）小型冲沟整治工程

在大雨或暴雨降临时，山区小型的冲沟会遭到很严重的冲刷，坍岸和小型滑坡会因冲沟两岸常常被冲刷而引发，甚至会因此使老滑坡复活。所以，对于乡、村小型冲沟，要结合乡、村的实际情况，采取一定的措施对其冲刷作用进行控制，保护、控制岸坡脚不受冲刷。

1.抬高河床，控制侵蚀的简易工程

抬高侵蚀基准面是防治小冲沟下切冲刷的原理，使河床抬高，不但能够让河床的过快下切得到控制，并且对岸坡的稳定也有一定助益，修拦沙坝是常用的方法。拦沙坝有很多种类型，根据结构的工程性能可分为三类，即柔性拦沙坝、刚性拦沙坝和生态结构拦沙坝。

针对乡、村的实际情况，这里，我们只介绍块石浆砌拦沙坝、钢筋石笼拦沙坝和活木桩林拦沙坝三种类型：

（1）块石浆砌拦沙坝

关于块石浆砌拦沙坝的设计，有许多方面需要注意。

慎选坝址：有基岩出露的峡谷段是坝址的最佳选择地。有较大的库容

存在于上游侧，在筑坝处，有埋深两米以内的河床基岩，两岸基岩最好有出露，而且，对于断层的强作用带要远远避开。

确定坝高：坝的功能决定着块石浆砌拦沙坝高度。如果坝的修筑是以控制河床下切为功能的，那么，通常可以将坝修得低一些，除了基础高度，达到2～3米即可；如果坝的修筑是以防治两岸出现坍滑或滑坡为功能的，那就应该修筑得高一点，但通常不会超过10米，而且，在将其修好后，滑坡前缘滑动面剪出口最好低于砂层或回淤泥层高度2～3米，不过，在乡村却不太适合修筑高坝，因为投资太大。

设计坝基：对于坝基的设计，使其嵌入基岩0.6～1.0米是最好的。如果河床基岩埋藏得比较深，此段河床最大冲刷深以下1米左右则是坝基深入的最佳位置，并且，在坝的下游5～10米处，为了控制河床的下切可修筑附坝。

设计坝肩：对于坝肩的设计，将其嵌入沟河两岸坡内是最好的。倘若

岸坡是岩质的，则应铲除岩层表部强风化层，再把坝肩嵌入岩层中风化层0.5米；倘若岸坡是土质的，那么，坝肩则应嵌入岸坡内1.5~2.0米，同时，要把坝肩防护做好。

设计拦沙坝顶宽、底宽：在拦沙坝修成的初期，山洪会对其进行冲击；几年以后，泥砂会淤满拦沙坝上游两侧，泥砂土层会对坝体产生推力。因此，必须通过验算坝体结构内力、抗滑稳定、抗倾覆稳性来确定拦沙坝的结构、坝顶宽、坝底宽。根据专家的经验，坝高为3米以下的拦沙坝，其顶宽、底宽可以不经过上述验算来确定。不算坝基高，坝高为3米的拦沙坝，有1米宽的坝顶，3米宽的坝底，且其上游侧为坡率为1：0.65~1：0.7的斜面，下游侧则为垂直面。而坡高在3米以上的拦沙坝，都应该进行上述内容的验算后才能确定出其结构、坝顶宽和坝底宽。

（2）钢筋石笼拦沙坝

钢筋石笼拦沙坝适用于沟床松散砂砾石层较厚的拦沙坝建设，它可以容许一定的变形，属于柔性结构建筑物。这种拦沙坝是临时性建筑，因为钢筋只有8~10年的使用寿命。与钢筋石笼拦沙坝结构类似的有钢筋石笼、抗滑挡土墙结构。

钢筋石笼拦沙坝对坝高有一定的要求，通常为3米左右，最高不能

超过5米，而对于坝基的要求则不甚严格，因为它能容许一定的变形，所以，坝基可以在河床最大冲刷深以下0.5米处而不在基岩上建造，与块石浆砌拦沙坝相比，其顶宽、底宽应该要大一些。倘若此坝一直发挥着很好的效益，那么，在经过3～5年以后，可以将拦沙坝的使用寿命延长，即修一个薄壳式块石浆砌拦沙坝在此坝下游侧，用锚杆灌浆的办法将其与旧墙紧紧连在一块，好对钢筋石笼拦沙坝进行保护，使该坝在8～10年后仍能很好地被利用。

（3）活木桩林拦沙坝

在以往的文献中，此种拦沙坝很少出现，但是，却有不少出现在半干旱的黄土高原区的小型冲沟中。

活木桩林拦沙坝的基本原理是在缓倾小冲沟内每间隔15～20米埋入若干桩间距0.3～0.5米的活木桩，使之形成梅花形排列的桩林。为了起到减速和滞水的作用，使粗泥、砂、石块淤积并形成拦沙坝，可在桩林内放置少量树枝。埋在沟道中的木桩最好是喜湿、适宜扦插移栽的活木桩，那样的话，在一年以后，不会死的木桩又会生根长枝，形成更为繁密的拦砂体。为了能够有效地控制冲沟下切，最好在一条小冲沟中连续做3～5道这样的坝。

半干旱气候，年降雨不大，基本无暴雨或大暴雨是此类拦沙坝适用的条件。经过3～5年，活木桩林就可以长得很好，对于较大洪水的冲刷也能够进行抵御。但是，如果桩林建好后遭到太大的降雨强度，会在头两年就被冲坏。

沟床两岸及源头无大量大块石，以黏性土、砂土细粒为主的地区，如黄土地区，是此类拦沙坝最佳的运用地。否则，一旦遇到大洪水，活木桩林就会被大量块石撞击而受损甚至被破坏掉。

此法与水土保持措施相配合，种植深根草、灌木于桩林之间，在几年以后，就会封闭整个沟道。出沟的水会因泥、砂全部被这类绿色桩林所滞留而变成清水流出，具有非常好的防灾效果。

2.护岸工程

护岸工程对于防治乡村居民住地冲沟两岸滑塌，有非常重要的意义，因为乡村许多小冲沟出现两岸垮塌，甚至滑坡灾害，就是因为沟水的冲刷使其不断加深而造成的。此外，还有很多的护岸工程，其中，适合乡村的有丁坝、浆砌块石防冲护坡工程、钢筋石笼防冲护坡工程、钢筋条石串防冲护坡工程、浆砌块石导流工程和钢筋石笼导流工程等简易工程。此处，我们重点介绍钢筋条石串防冲护坡工程。

（1）钢筋条石串护坡的原理

在一定规格的条石中心进行打孔，用钢筋将其穿成一串，平放于顺岸坡方向，为了形成一个柔性护坡整体墙，对洪水冲刷岸坡进行防止，可用钢筋焊接串与串的上下。当岸坡坡脚基础被冲刷而下沉时，它也会随之不断下沉，且不破坏结构，可以照常发挥防冲护坡功能，是这种结构的最大优点。

（2）适用条件

这类工程适用于岸坡高限制在10米以下的乡村小型沟、河冲刷岸的防

护。因为钢筋仅有8～10年的使用年限，本工程的使用年限也受到限制，只有8～10年，因此，该工程是临时性防洪工程。倘若在3～5年后，此工程的护坡面破损不严重，且其基础下沉已趋于稳定，可将破损沟缝用水泥砂浆进行修补，使其使用寿命延长。

（3）设计和施工要点

第一，详细地调查需要防护的河岸或地区的地质和水文，同时，水文和过流断面洪水也必须进行计算。

第二，为了方便打制好的条石，应选择新鲜、抗风化的岩石。条石应50厘米长，30厘米宽，25厘米厚(高)，要在其上、下面中心垂直打孔，孔的直径应该比使用钢筋的直径略大一些。

第三，条石串安装。

安装的顺序是从基础至上逐串进行的，第一步，用直径6～8毫米的钢筋将条石串下端弯成螺旋扣，把它紧紧套在直径24毫米的轴心钢筋下端，并且，还要采取点焊法将其锢紧；第二步，将打好孔的条石穿在轴心钢筋上，长边的方向要平行于河岸，按照此种方法，要一串一串地把条石串穿好；第三步，用钢筋螺旋扣将条石串的上端紧紧套连在一起，并且，也要采取点焊法将其紧锢起来；第四步，平放一层钢筋石笼在基础外侧顺河岸处，石笼长边的方向要垂直于河岸，并且将其平放，把条石串基础保护起来，以抵抗河水的冲刷；第五步，条石串上、下端要用干砌块石填实。

基础处理是护岸防冲工程的关键技术，而对基础岩土特性和水文特征的认识又是基础处理成败的关键。

（四）滑坡预测预报

滑坡预测预报的精确度很低，和地震预报一样，滑坡预报也是一个世界性的难题。导致滑坡预测预报精度不高的主要原因是：滑坡的影响因素众多，而且复杂性程度很高，使滑坡从孕育到破坏的演变过程具有很强的非线性和不确定性。

滑坡的预测预报过程是定量预报和定性预报相结合的过程，也是一个从定性到定量的渐变过程。滑坡的预测预报是一种实际的技术方法，也涉及很多基础问题。

1.滑坡预报的基本问题

（1）滑坡预报概念

滑坡预报有广义和狭义之分。从广义上来说，滑坡预报包括时间预报、空间预报和灾害预测三项内容。只有这三个问题全面解决了，才能说是对滑坡做出了全面预报，也才能适时有效地、最大限度地减轻滑坡灾害。通常，人们仅将"预报"用于发生剧滑的时间，滑坡发生的地点和灾害范围则采用空间预测一词。所以，狭义的"滑坡预报"，仅仅是指时间预报。我们这里所说的预报主要是指滑坡滑动时间区段或者确切时间的预报。

滑坡的时间预报和空间预报是相互联系又有区别的两个概念。空间预测是时间预报的基础和先决条件。只有明确了预报对象，才能有目的地

开展滑坡灾害的时间预报。时间预报是空间预测的继续，把空间预测具体化。时间预测和空间预测相互统一又相对独立。因此，滑坡的时间预报中包含了空间预报的内容。

（2）**滑坡预报的时间尺度**

滑坡发生前预测的时间长度称为滑坡预测预报的时间尺度。滑坡预测预报的时间尺度是滑坡预测预报的核心概念。根据滑坡预测预报实践的要求、滑坡的预报机理及其形成和危害特征，滑坡预报时间尺度可以分为临滑预报、短期预报、中期预报及长期预报四个阶段。

2.滑坡监测点的选取

实践证明，将监测点放置于变形斜坡的不同部位，其所得到的参量值的时间序列会有明显的差异，数据各不相同不说，有的甚至相差甚远，很难从数据中得到准确统一的信息。因此，正确选择监测点对滑坡的预测工

作起着至关重要的作用。

但是选取能真正代表斜坡变形状态的正确监测点要从众多的监测点中选出，从而依据此点的监测数据来确定监测时序资料进行预报。

关键点的选择与确定并非易事，需要通过大量的基础研究工作来进行确定。比如对斜坡类型、结构、环境条件、变形破坏现象等要进行深入的调查和分析，明确斜坡变形，遭到破坏的原因，并根据这个原因来对"关键点"做出最后的确定，那么所确定的关键点，就是可以作为预报参数的监测点。

今天，我们对滑坡进行监测的方法，还是多以位移监测为主，所以常用预报参数通常取决于位移。对因变形情况不同，而遭到机理破坏的斜坡，选择位移参数监测点一般有以下几个原则：

（1）蠕滑—拉裂型和滑移—拉裂型滑坡

这种情况的滑坡，在预报时一般其监测点选择在后缘主拉裂缝的宽度及其附近。并且监测重点要放在拉裂缝的宽度周围进行。但值得一提的是：蠕滑—拉裂型滑坡的拉裂缝有时候呈现出闭合的趋势。这种情况发生时要极其注意，因为很可能是坡体失稳的前兆，需及时确定情况，决定是否进行预报。

（2）对于滑移—弯曲型滑坡

对于这种形态的滑坡，应选择前缘弯曲隆起部位作为位移监测点，总结其资料确定滑坡的发生，进行预报。这里要注意：隆起部位是其监测重点。因为制约这类斜坡稳定性的关键部位就是坡脚前缘的弯曲隆起的部位。这是通过多次顺层斜坡滑移—弯曲型失稳破坏模型试验得出的结果。若是隆起部位溃屈，则表明整个斜坡将失稳，导致滑坡。

（3）对于塑流—拉裂型滑坡

这种形式的滑坡选择位移监测点时，通常选择在坡顶后缘来监测位移和裂缝的深度，数据达到一定指标时，则根据资料进行预报。

（4）对于滑移—压致拉裂和弯曲—拉裂型滑坡

此种形态的滑坡，多选择坡顶后缘为监测点，并根据位移值进行预报。与蠕滑—拉裂型滑坡的情况大体一致的是滑移—压致拉裂型滑坡，其在加速变形阶段后期，会由于坡体转动，而使后缘拉裂缝呈现出闭合趋势。

3.滑坡监测信息的处理

（1）单点监测数据的处理

斜坡体的形成和发展并非是在无干扰环境中静静演化的。它的形成除了其自身内在规律外，还受到各种外界环境的影响。如自然界中的降水（暴雨）、地震、人为的影响，例如人类的生产、生活活动等，还有对滑坡进行监测的工作，也会对斜坡体的形成产生影响。故而对于监测到的滑坡体数据，并不像理论中那样标准、平滑。为了提高滑坡预报的准确性，就必须尽可能地去除干扰，要对监测数据信息进行精密的处理。

（2）监测数据的处理方法

监测数据的处理方法一般包括：

对局部缺失的监测数据进行等间隔化处理和插值处理；

对波状起伏的监测数据进行平滑滤波处理以及降低随机干扰成分的累加生成处理等。

4.滑坡的定性预报

滑坡的定性预报主要是剖析影响斜坡稳定性的主要因素，通过工程地质勘查，对可能发生的变形破坏方式或者失稳的力学机理的成因及其演化过程给出评价，来明确变形演化趋势和阶段、斜坡的稳定性状况、可能的滑动时间。

滑坡的成因机理、形成条件以及诱发因素都具有复杂性、多样性、随机性和非线性特点。并包括很多模糊和随机的不确定性因素，所以很难做出准确的判断。但是随着科技的发展，预测学和预测设备不断地得到发展和完善，如今已经可以对一些滑坡做出较为科学准确的预测预报了。

（1）滑坡的稳定性

影响滑坡稳定性的因素很多，一般可分为内在因素和外在因素两个方面。

内在因素：是指斜坡体在形成和发展的漫长繁衍过程中，本身具备或者具有潜在的可能诱发滑坡的因素，称为内在因素。

外在因素：是指除内在因素外的，可能导致发生滑坡的因素。如人为因素等。

但一般情况下，滑坡发生时，内在因素和外在因素是同时存在的。

此外，可以将斜坡的稳定性状态划分成为四个级别：稳定、较稳定、较不稳定和不稳定。

（2）滑坡的变形破坏机理

我国对滑坡模式的划分，基本上是依照我国和国际著名工程地质学家

张倬元先生对斜坡变形机理的六种划分模式：

蠕滑—拉裂、滑移—压致拉裂、滑移—拉裂、滑移—弯曲、弯曲—拉裂、塑流—拉裂以及这六种模式的相互复合模式。

国外在总结露天高边坡的破坏机理时，将其分为双结构面破坏、犁起破坏、弯折破坏、逐步破坏、平面形失稳、旧有构筑失效六类。

自然界中任何事物的形成和发展都有一定的规律和过程，滑坡也如此。专家将滑坡从形成、发展，到发生与结束这个全过程划分成为四个阶段：缓慢蠕动阶段、匀速变形阶段、加速变形阶段和临滑阶段。

在斜坡体形成和发展的过程中，会经历不同的阶段，每个不同的阶段都会展现出一些变形或者对环境等的破坏迹象。根据这种宏观变形破坏迹象，可以对滑坡更为了解，即做出预报。

与火山、地震等其他自然灾害差不多，在滑坡失稳前，特别是大滑坡发生前有多种宏观前兆出现，如地声、地气、地下水异常、动物异常等。

（3）滑坡的宏观前兆具体表现

地声：包括岩土体摩擦、移动破裂发出的声响，建筑物倒塌、滚石发出的声响等。

地气：包括滑坡区冒出的无味或有味的热气等现象。

地下水：包括滑坡体及前缘泉点数目减少或增加，水位跃变，水温、水量、水质、水的颜色发生变化等。

动物异常：包括蛇出洞、家蜂外逃、耕牛惊叫、犬吠、鸡飞、老鼠搬家、麻雀搬迁等现象。

由于这些现象在临滑发生前表现直观，易于被人类捕捉，所以将其用于临滑预报十分有效。1963年9月13日，用这种方法对宝成铁路须家河滑坡进行预报取得了成功。

（五）滑坡灾害的经验教训

滑坡是一种复杂的自然现象，会引发严重的自然灾害。如果对其成因和机理不够了解的话，在处理滑坡问题时，特别是在建立预防措施和方案时就会存在一些问题。

人们通常会低估滑坡的社会经济影响。主要原因在于滑坡通常伴随着其他次生灾害同时出现，如暴风雨、洪涝和地震等，因此一般无法对滑坡进行单独统计。另外，小型滑坡发生频率较高，主要是对交通网络造成影响，人们已经认识到这样会造成总成本提高，但是却很难进行衡量。

欧洲针对滑坡灾害成立了专门的研究其灾害经验教训的NEDIES项目（欧盟合作项目），这有助于各国的民事保护专家对滑坡风险和灾害管理的经验进行交流沟通。将会议成果、投稿和与会者的讨论进行综合，从而得到了一个报告。

报告中得到的最主要的灾害管理教训是：需要在一些受灾国家和地区重建公民保护服务体系和其他合理的应急机构主体，以更有效地处理将来的滑坡问题。

1.预防和减灾措施

预防和减灾措施对于所有的自然灾害来说都是非常重要的工作。在确定这些措施时，不仅需要考虑风险区的特征，包括地形、地质、水文地质和土地利用方式，还要考虑潜在滑坡发生类型和位置以及滑坡诱发因素的时间范围等。强降雨能够引发滑坡，但是仅仅根据天气预报结果不足以确定暴风雨是否具有危险性。大多数情况下，我们都可以通过采用更为密集的监测点，或设备更为完善的气象监测网（包括基于地面的气象雷达站）及时预测临界天气情况，同时也需要经验丰富的专业人员对收集的数据和图像进行解释。

在以上情况中，确定降水阈值是很重要的，可以据此确定三级预警指标：注意、预警和警报。确定这些阈值，则需要收集与过去滑坡事件相关的降水资料，根据这些资料对将来发生滑坡的可能性进行适当模拟。

根据研究结果我们可以得知，当滑坡出现且伴随着洪涝发生时，由最初的浅层滑动会突然加速转变为迅速的滑动，因此会发展为非常危险的沿陡峭山坡滑动的泥石流活动。

滑坡通常不会只发生一次，因此通过了解该地区的滑坡历史，结合其

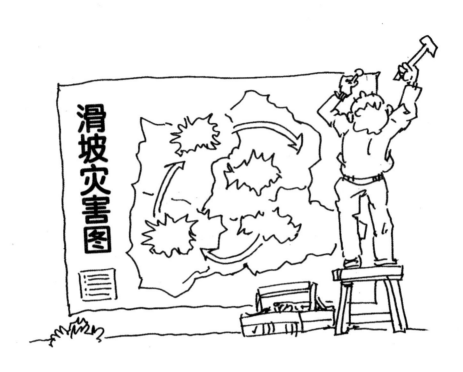

他相关资料，可以绘制滑坡灾害图，来确定滑坡多发地的危险的区域。

在滑坡灾害多发区，特别是高风险区进行准确的地质和土工勘察并实时更新的工作非常必要。对相关地区进行相宜的土工勘察，确定这个地区是否适合建筑，以及制止不合适的改变自然环境措施（如斜坡树木砍伐、不合适的河流建坝、开发危险斜坡、在建造过程中进行大的切割和填充等），减少发生灾难性滑坡的概率。另外，还要考虑建筑活动的安全措施，如要求对场地进行土工勘察，在进行开发之前解决斜坡不稳定性问题等。这样，专业人员在进行勘察时就要与建筑目的相结合分析。在斜坡上重新造林有助于减少浅层滑坡的发生概率，但还是有发生危险滑坡的可能，主要表现为泥流和泥石流。主管部门可以和科学家、工程师和公民保护组织合作，制定滑坡减灾对策。

一般的活动滑坡都会对人类产生一定的威胁作用，因此需要采用最新的技术，加强长期监测网的建设。卫星支持技术（如GPS和遥感，包括干涉合成孔径雷达技术以及高空间分辨率的多时相卫星光学图）可以作为采用野外设备（如倾斜仪、普通测量设备、变形测定器、电子距离测量系统、雷达和测量地面倾斜度仪器等）监测斜坡活动的有益补充。同时也要考虑建立与应急指挥部相连接的自动预警系统，这样及时发布预警信息，预先做好防范措施，减少灾难造成的损失。比如当活动滑坡对运输线造成影响时，这些系统应当可以自动发出一些信号，严禁车辆和人员来往。

2.准备工作

当地政府对灾害的预防管理进行有效的组织工作极为重要，此外，还要根据潜在滑坡类型和风险制定滑坡灾害应急规划。这样，有效的滑坡风险图就成为制定将来应急规划的必要依据，尤其在那些缺乏足够监测系统而且尚未采用预防措施的地区，这一规划也非常重要。

在多次发生滑坡或可能发生活动滑坡的地区，营救服务工作需要提前演练好，以进行及时有效的援救。在发生滑坡时，或已出现大的滑坡预警的时候，提前进行人员疏散工作是非常重要的。另外，在一些会受滑坡威胁的主要道路，应当事先确定一些疏散路线。

对于可能的或即将面临的滑坡风险，必须及时公开地通知有关地区的居民，以及应对这些风险可以采取的措施。

由于滑坡通常与强降雨有关，因此需要及时地了解当地的天气信息，这对早期预警来说是非常重要的，可以增加受灾区的人员安全程度。

3.应急反应措施

在滑坡灾害多发区建立相应的救灾应急中心，在灾害来临前及发生过程中做好疏散救援工作等，有助于减少灾害对人员造成的直接影响。当滑坡伴随暴雨或洪涝灾害时，让居民待在家里或接待中心的坚固建筑物中，比他们待在帐篷和活动建筑中更为安全。

保证救灾应急中心的工作人员经过正规培训而且配备良好的营救设备也非常重要，这样才能保证救援的效率性。灾害造成受灾人员较多时，则需要考虑借助军队力量。在灾害发生时，需要在地质学家和岩土工程专家的配合下，对滑坡或其他自然现象造成的灾害进行连续评估。

对于降雨诱发或由于人造结构渗透造成的滑坡，一般通过排水减小孔隙压力等迅速的减灾措施，或不去考虑诱发因素，直接转移河道中的碎屑物，防止淤积。此外，在灾害发生后，某些地区需要根据现有情况及时地修改现有的应急规划，那些没有应急措施的地区，则需要及时制订应急规划。

4.将信息向公众发布

滑坡灾害区居民必须要提高危险意识，这样他们可以预先做好一些应对滑坡发生的预防工作，或者灾难来临时的及时避灾措施，包括进行人员疏散等。这样，定期为居民提供一些公开信息是非常重要的，居民多了解一些防灾救灾知识才能更加相信营救服务，并配合营救人员的工作。因此，对滑坡易发区的居民应该多进行一些防灾抗灾知识的宣传工作，做好灾害知识的普及工作。事实证明，通过防灾知识的宣传工作，可以使更多人员参加与滑坡有关工作，在应急时非常有效。

对于其他突发的严重的气象事件，需要通过电视、无线电或在某些受险地区，进行及时的大范围的预警工作，来减少滑坡的影响。在灾害管理工作中，需要建立通知中心并指定信息管理人员对受灾人员和媒体进行通知；在偏远灾害区，需要改进电话和无线电通信系统。

5.2009年5月12日全国第一个防灾减灾日

我国是世界上自然灾害最为严重的国家之一，灾害种类多、分布地域广、发生频率高、造成损失重。在全球气候变化和我国经济社会快速发展的背景下，近年来，我国自然灾害损失不断增加，重大自然灾害乃至巨灾时有发生，我国面临的自然灾害形势严峻复杂，灾害风险进一步加剧。

在这种背景下，设立"防灾减灾日"，既体现了国家对防灾减灾工作的高度重视，也是落实科学发展观，推进经济社会平稳发展，构建和谐社会的重要举措。通过设立"防灾减灾日"，定期举办全国性的防灾减灾宣传教育活动，有利于进一步唤起社会各界对防灾减灾工作的高度关注，增强全社会防灾减灾意识，普及推广全民防灾减灾知识和避灾自救技能，提高各级综合减灾能力，最大限度地减轻自然灾害的损失。

2008年5月12日，我国四川汶川发生8.0级特大地震，损失影响之大，举世震惊。我国将这一日期设立为"防灾减灾日"，一方面是顺应社会各界对我国防灾减灾关注的诉求，另一方面也是提醒国民前事不忘、后事之师，更加重视防灾减灾，努力减少灾害损失。自2009年5月12日全国第一个防灾减灾日起，我国的防灾减灾工作将更有针对性，更加有效地开展防灾减灾工作。

（六）滑坡案例分析

1.2006年5月22日广东省佛山市顺德区发生山体滑坡

2006年5月22日，广东省离顺德区客运总站只有几百米的金斗村发生山体滑坡，两吨重的巨石夹杂着泥石流倾泻而下，离山坡下的居民房屋只有咫尺之遥……100多名居民紧急撤离。

此前两天顺德区暴雨连连，区内大部分街镇街道遭遇水浸。受暴雨影响，5月27日下午3点左右，顺德区马岗小学附近，山体再次发生滑坡，一名12岁女孩不幸被倒塌的围墙掩埋致死。

事故发生后，当地政府部门迅速启动了山体滑坡的紧急预案，第一时间安排专人24小时监控马岗村滑坡山体和附近地区，防止此类事件的再次发生，造成不必要的人员伤亡。

2.2007年6月28日辽宁省大连市沙河口滑坡事故

2007年6月28日凌晨，大连市沙河口区锦华南园10号楼北侧发生滑坡，大楼基础下面的土体大量崩塌，地基整体遭到破坏，导致该楼整体向北滑移，楼体向东北方向倾斜，水平滑移近10米并下沉10米左右。由于处置及时，这次滑坡事故没有出现人员伤亡和财产损失。

6月28日凌晨，锦华南园10号楼居民事故报告当地沙河口区政府后，该区突发公共事件应急管理办公室、公安、消防、城建等相关部门立即赶赴现场抢救，并成立了现场指挥部，同时报告大连市政府及相关部门。同时，立即组织楼内九户居民紧急疏散，安置在临近酒店居住。

　　为防止塌方进一步扩大及滑坡事故的再次发生，危及附近22号楼的安全，经过大连市应急处置现场指挥部研究，将居住在22号楼的60户居民一并转移，分别安置到邻近的三家酒店居住。沙河口区政府同时派出医疗卫生队进驻各酒店，做好酒店内撤出居民的卫生医疗工作。

　　滑坡灾害发生后，大连政府救灾部门召开专家组讨论后，确定了事故救援阻滞措施和防止事故及次生灾害方案。根据指挥部命令，大连市供电、供水、供气及地质灾害勘测等相关部门迅速采取措施，防止事故次生灾害发生。同时，大连市展开地毯式检查，对全市挡土墙、深基坑、低洼区等存在安全隐患的地方进行排查，确保人民群众生命财产的安全。

3. 2009年4月26日云南省威信县发生山体滑坡

　　2009年4月26日，云南省威信县羊梯岩相继发生山体滑坡事故。11时40分左右，威信县由于采石场生产引发边坡滑坡，造成过路行人4人死亡。1个小时以后，威信县羊梯岩再次发生山体滑坡，造成2栋平房被摧毁，造成3人死亡，2人受伤，19人失踪。

　　事故发生后，有关部门立即启动应急预案，组织相关部门分两组赶赴事故现场指挥救援。

　　事故发生前几天威信县一直持续下中到大雨，地质专家实地调查认为，持续强降雨天气是引发此次山体滑坡的重要原因。

　　专家在滑坡灾害发生现场看到，发生滑坡的山体位于两条小河中间，山体岩层的倾向与山坡的坡向一致，形成典型的顺向坡，这是很不稳定的一种地质结构。山体滑坡给两栋房屋造成了毁灭性冲击，房屋的后墙与前墙被挤压到一起，墙体已经完全破碎。被滑坡冲毁的两栋楼房荡然无存，一些水泥砖夹杂在滑坡后的碎石中，从公路直泄到几十米深的山沟中。滑坡体宽约50米、长约150米，据估计滑坡量约为5万立方米。

　　专家从地质结构分析，根据事发山体由砂岩和泥岩呈互层状分布，发现这是一种非常脆弱的地质结构。加上坡度比较陡，只要外力稍有变化，山体在重力作用下，会沿着比较软弱的层面向下滑动，从而形成山体滑坡地质灾害。不幸的是，灾害发生前几天，当地持续中到大雨的天气，强降雨诱发了山体松动。

4.2009年5月17日陕西省眉县太白山森林公园因降雨发生山体滑坡

17日深夜，地处陕西省眉县的太白山国家森林公园景区发生一起山体滑坡，这起滑坡发生在景区骆驼峰以下500米的景区道路旁，是由于近日持续降雨引发的，下落的滑坡体约800立方米，造成通往景区的道路中断，车辆无法通行，但步行可以通过。17日留宿景区的12名自驾游游客，以及他们的三辆车被困，这起滑坡发生后，景区管理部门组织机械设备进行了紧急抢险、疏通，对于被困的12名游客，由景区游客接待中心给予了妥善的安置。

5.2009年5月18日晚湖北省十堰市发生山体滑坡

2009年5月18日晚，湖北省十堰市的十漫高速公路旁的一处山体发生滑坡，事故发生在当日凌晨两点，滑坡造成路旁的被动防护网砸坏了30多米后，又将路边的波纹安全护栏砸坏了20多米。事故发生后，十漫营运管理中心将十堰西至郧县东的高速公路半幅禁行，并组织人员对公路进行了紧急抢救疏通。经工作人员几个小时的奋力抢修，道路恢复通行。

6.2009年5月19日巫山长江段发生山体滑坡

2009年5月19日凌晨，巫山长江北岸的龚家坊突然发出剧烈声响。约2万立方米体积的泥石从坡上倾泻而下。继2008年11月23日之后，巫山龚家坊再次发生山体崩塌，事故导致该河段原有400余米航宽减至300余米，一座航标被掀翻。事发后，巫山海事处对该水域10千米实施禁航5小时。18日早晨，航道部门在距离北岸百余米处重新设置了任家咀浮标后解除禁航。事故没有造成船舶事故和人员伤亡。

国家工作组和专家组已经对滑坡稳定状况、险情、监测系统、应急防治预案、排除险情的治理方案等进行研讨。当地国土部门表示，滑坡体岸边还堆积泥石约5000立方米，预计该处山体目前不会再有大面积滑坡出现。

7.兰州是滑坡灾害多发区

从20世纪50年代开始，兰州市滑坡泥石流灾害就从未停止过，并造成

了极大的危害。

　　1951年8月14日，兰州市大洪沟发生泥石流，兰州飞机场被冲埋，造成严重灾害。

　　1964年，兰州市西固区洪水沟的泥石流毁堤外溢，大面积泛滥沉积，后续泥石流沿洪道流到6千米以外的陈官营，车站被淹没，部分铁路被毁坏。

　　1966年8月8日，兰州市大砂沟发生泥石流灾害，造成约153.33公顷菜田毁于一旦，工厂大型设备被损坏，生物制品厂库存针剂被冲毁，房屋建筑坍塌，直接经济损失超过4000万元，死亡128人，其中包括幼儿园的30名孩子。

　　1986年，白塔山186号院内发生山体滑坡，体积只有200多立方米的滑坡体，竟造成了7人死亡……

　　2009年上半年，兰州市滑坡泥石流灾害频繁发生，对人民生命和财产安全产生很大的威胁。

　　3月26日下午1时许，312国道兰州市和平段阳洼沟山体发生大型山体

滑坡，连接欧亚大陆桥的长途光缆线被压，造成中断长达6小时，312国道受阻达3小时。

4月1日凌晨，兰州市红山根四村发生山体滑坡，浮土掩埋了山脚下的一条小路，山体附近的一家住户的大门被黄土堵住。

5月13日上午，兰州市伏龙坪杨家沟一处山体塌方，造成3户居民房屋开裂，悬在塌方的山崖上。

5月19日凌晨3时多，312国道榆中县和平镇兰州市警校以西50米处，发生7000多立方米的大面积山体滑坡，造成国道交通中断近5个小时，数千辆过往车辆受阻。

据统计，近50年间，兰州市境内已发生36次滑坡泥石流灾害，死伤人数达451人，造成直接经济损失4亿多元。从20世纪80年代起，兰州市滑坡泥石流灾害发生次数显著增多，频率也加快，几乎每年都有滑坡泥石流灾害发生，甚至一年多次。

　　频繁发生的滑坡泥石流已经引起有关专家的关注。专家经过长期调查研究后认为，兰州市滑坡泥石流的频繁发生主要有两个方面原因：自然因素和人为因素。首先说自然因素，兰州市属于河谷阶地型的地貌形态，城市的主体都处于河谷阶地中，大部分地段处于冲洪积扇形地之上。另外兰州市地形狭长，位于两山相峙之中，山体高陡且距离城区近，滑坡泥石流灾害发生的频率自然就高，而且危害程度极为严重。

　　人为因素则主要源于两个方面原因：一是城市"热岛效应"；二是人为的不适宜活动，特别是植被破坏严重。"热岛效应"使得地面到空中的降温梯度加大，空气对流加强，结果温湿气体迅速上升，在高空遇冷产生暴雨，从而激发滑坡泥石流的发生。随着人口的增加，城市建设逐渐向泥石流危险区发展，导致生态环境和地质环境的恶化，山体稳定性也遭到很大破坏，进而产生引发滑坡和崩塌的可能性。同时，在滑坡泥石流发生后，由于没有进行有效及时的治理，滑塌造成的大量废土石堆积沟底，一旦出现暴雨，再次形成泥石流，造成恶性循环。据统计，现在兰州市市区的泥石流沟达94条，滑坡达110处；永登县城有泥石流沟2条，滑坡1处；

红古区有泥石流沟11条，滑坡2处。这些成灾点基本上没有得到有效的治理，随时都有再次发生灾害的可能。如形势最为严峻的城关区南侧的大洪沟和老狼沟，每隔三四年就会发生一次大规模的泥石流，对城区近10万人和近10亿元财产的安全造成严重威胁。

频繁发生的泥石流灾害，引起了政府部门和社会各界的高度重视，1988年，兰州市把预防与治理兰州市境内的滑坡泥石流灾害纳入法制化轨道，出台了《兰州市防治泥石流和山体滑坡的管理办法》。1995年，甘肃省建委和计委联合实施甘肃省县以上城市滑坡泥石流灾害防治规划研究，提出了防治的可能性与必要性，并作出了具体的防治规划，随后也完成了该规划的研究报告。

甘肃省在《甘肃省县以上城市滑坡、泥石流灾害防治规划研究》中提出了治理目标与治理方案。如对于老狼沟和大洪沟存在的问题，研究报告中提出的规划治理方案以治沟为主，稳定滑坡为主，工程为主，排导停淤工程维持原状，并加以清淤，与坡地改梯田和植树种草相结合。

8.菲律宾南部山体滑坡造成至少26人死亡

2009年5月19日，菲律宾南部棉兰老岛孔波斯特拉山谷省因数日连降大雨，引发山体滑坡，造成至少26人死亡、19人失踪。

滑坡事故中，伤亡人员主要是当地矿工，他们中的大多数人被泥石流掩埋在潘图坎镇的一座小金矿附近。

近年来，由于棉兰老岛孔波斯特拉山谷省过度采矿现象严重，当地生态环境遭到很大破坏，每当雨季来临的时候，山体滑坡和泥石流等灾害就会时有发生。2008年8月，该省也曾发生过一起严重山体滑坡。

（七）山洪防御与预报

1.观察天气征兆，躲避山洪危害

在春夏多降水的季节，当观察到下面几种天气征兆时应提高对山洪发生可能性的警惕。

早晨天气闷热，甚至感到呼吸不畅，这就是低气压天气系统临近的先兆，午后一般都会出现强降雨。

早晨如果看见远处有宝塔状黑云隆起，一般午后也会出现强雷雨天气。

多日天气晴朗无云，但天气特别炎热，忽见山岭迎风坡上隆起小云团，一般午夜或凌晨时就会有强雷雨发生。

炎热的夜晚，如果听到不远处有沉闷的雷声忽东忽西，一般是暴雨即将来临的征兆。

看到天边有漏斗状云或龙尾巴云时，这是天气极不稳定的征兆，随时都有可能出现雷雨大风天气。

2.人类哪些活动会加剧山洪发生

山洪灾害的发生不只是因为自然条件的作用，还有人为因素造成的影响。

毁林开荒。森林遭到乱砍滥伐，树木锐减，一旦暴雨发生，森林不能蓄水于山，造成水土大量流失，大大增加了洪灾发生的频率，造成的灾害影响也更严重。

城市化的影响。城市的发展，不透水地面越来越多，暴雨后地表汇流不能有效地渗入地下，造成洪峰流量成倍增长。随着人口的增加，更多的新增城镇只能向低洼地发展，河道淤积严重，洪灾损失很大。

违背自然规律的盲目开发。不顾条件乱采滥挖、弃土弃渣等废弃物占用河道更加加大了山洪灾害的危害程度。

3.缺乏防洪意识最可怕

切坡建房如果不采取任何防护措施或将房屋建在陡坎或陡坡脚下的居民，受到山洪的威胁最大。

选择宅基地时缺乏防洪意识，在溪、河两岸位置较低处或两个河口交叉处及河道拐弯凸岸的居民，最易受到山洪的威胁。这些地方都会直接受到山洪的冲刷，不适合建造房屋。

因山洪暴发时会夹带许多碎屑砂石及残枝断木在通过桥梁拱涵时容易受阻，导致洪水壅涨（因堵塞而引起的暴涨），容易造成桥梁或桥头被冲毁，对在溪、河的桥梁两头空地随意建造房屋居住人群的生命和财产安全造成威胁。

在山洪易发区内的残坡积层较深的山坡地，或山体已开裂的易崩易滑的山坡地上建房的居民也是很危险的。

暴雨发生时一定要提高警惕，擅自在山洪易发区的高山上或陡峻山坡下活动和休息的人群是极其危险的。

在洪水猛涨、山洪暴发期间，为了出门方便赶时间，就近随意过桥、过河、过渡的人群最易出现危险。所以，山区居民在修路、建房、架桥时必须遵守自然规律，注意防灾避灾，避开山洪灾害对自身的危害。

4.山洪的预报

我国山区的山洪现象非常普遍，常常造成巨大的经济损失和人员伤亡。为了保护山区的城镇和比较重要的经济建设工程，保障人民的生命财产和资源开发，减轻山洪危害，山洪的预报变得极其重要，预报措施具有重要作用。

（1）山洪的气象(降雨)预报方法

我国是多暴雨的国家之一。在夏季风盛行的季节，暴雨不仅强度大，而且发生的频率很高。我国特大暴雨经常发生的地区有淮河、长江中下游地区，浙闽山地以及从辽东半岛，沿燕山、太行山、大巴山到巫山一线以东的海河；此外，川西北、内蒙古与陕西交界处的中纬度内陆地区常有暴雨、大暴雨出现；东南沿海、海南岛、台湾、广西地区，有台风带来的大暴雨。

一般情况下，大暴雨多在沿海出现，在内陆出现的机会相对少些。但是内陆的暴雨常常是历时短，强度大。

强暴雨的短历时和局地性对于激发山洪所导致的泥石流灾害起着非常重要的作用。在我国川西地区，激发泥石流的10分钟雨强在10毫米以上，1小时雨强一般在30毫米左右。

（2）暴雨监视预报

雷达暴雨监视预报：雷达能及时迅速地对一定范围内暴雨系统进行监视和追踪，探测降水和云雨的发生、发展、分布及变化，取得降水天气信息。它对暴雨监视、短时降水预报作用重大。

雷达发射的电磁波在空中遇到降水水滴时，电磁波的部分能量会被发射，并且显示在雷达荧光屏上。由于雷达回波的形状、垂直尺度、水平尺度、回波强度与降水有密切的关系，回波演变与暴雨有密切联系。所以，可通过对降水回波的距离、方位、强度、高度、结构和随时间变化的分析，了解远处降水的发生、发展、分布和降水强度变化及降水区的移动。

卫星云图暴雨监视预报：通过卫星云图上云的分布，可以确定各种天气系统，如高空槽、台风、锋面等的位置，移动和相互变化，从连续的静止卫星云图上发现暴雨云团的形成过程；云图上的亮区可以预报降水，云图上发生降水可能性大的是较亮的云区，特别亮的云团常常与暴雨中心相对应；根据云团的移动和位置可以推算未来暴雨区位置；根据云图上的云型特征预报降水，重要的降水天气系统有明显的云型特征。

天气图预报暴雨：天气图是用来分析大气物理特性和状况的，它反映一定时刻大区域内的天气形势和天气实况。

第一，根据预报区域暴雨出现时，各种天气系统的活动情况，概括出暴雨出现时不同气压系统配置特点；

第二，根据预报区域暴雨出现时，各种同降水有关系的气象因子分布特点，概括出暴雨出现地点、时间及这些气象因子必须满足的条件。

（3）山洪预报中的地质地貌条件分析

山洪主要发生在丘陵区和山区溪沟中，由降雨径流冲蚀陡峻谷坡上的物质。因而山洪洪水总量、洪峰流量与地质地貌条件有密切关系。在相同的条件下，沟道纵坡大、地表山坡坡度大的溪沟容易发生山洪；在暴雨中，土壤多为沙性、孔隙大、透水性能比较良好的山区，不易形成地表径流，发生山洪的可能性比较小。

山洪主要发生在丘陵区、山区，由径流冲蚀陡峻谷坡上的物质。因而，对洪水总量、山洪洪峰进行地质、地貌勘察时，应标明山洪危险程度分区、山洪分布的界线、山洪形成的一般规律；建立各山洪沟谷的数据库，包括流域特征、森林植被、地质地貌、山洪发生频率、水文、规模、人类经济活动、危害程度、沟道堵溃可能性及程度等参数。在各沟谷标明山洪发生条件、活动范围及可能遭受山洪破坏的范围。

通过降雨分析和地质地貌条件分析两种方法，来推断天气形势能否产生暴雨，流域地表条件是否有利于山洪的形成，从而判断和估计发生山洪的可能性。虽然预报的精确性不够高，但是能够较早地预测可能发生的山洪灾害，让人们做好防御准备。

山洪的形成因素很多，有雨强、雨量、雨强随时间的进程以及降雨笼罩面积，雨水入渗及其随空间与时间的变化，洼地蓄水与植物截流，坡面上及沟槽径流如何形成等，以及影响山洪形成的气象、水文、地貌之间的相互关系等。在山洪形成的各项因素中，暴雨是最重要和最活跃的因素。在进行山洪预报时，要考虑暴雨、土壤植被和地质地貌等特点，综合判断山洪发生的可能性。

（4）利用物象测雨和对异常征兆及天气谚语预报

各地群众把长期积累的经验，编成预报天气的谚语。预报山洪主要是观察沟溪水汽、动物异常，倾听风声等。风反映空气的水平运动，是天气的前驱；云是空气中凝结的水汽，通过云可以推测未来的天气变化；动物有自身的习性和活动规律，某些动物对天气变化反应很灵敏，天气条件不同，动物会有不同的反应，通过动物的异常变化可以判断天气的变化。

如果条件允许，可以用简单的气象仪器，如湿度计、气压计、温度计等测定当地的气象要素。如果测到湿度逐渐上升，同时，温度也跟着上升，人感到闷热，然后温度突然下降，就表示即将下雨；如果空气中的水汽增多，气压下降，就有下雨的可能；如果连续几天都冷，但湿度不下降，可能会有较长时间的阴雨天气。

（5）山洪预报的水文方法

山洪的水文预报方法是根据上游站的流量、水位，按山洪的汇流时间或汇流速度来预报下游站的流量。这就要求要有足够的观测站，以便向下游所保护的对象发布山洪预报。由能够及时通知山洪出现的时间来确定山洪观测站的数目。两个观测站之间不应相隔太近，按山洪汇流的时间来说，应在15分钟以上。一般情况下，流域沟道长度在10千米以下的区域，设三个观测站即可。观测站应设在所预报对象所处的干流之上，最好靠近支流汇入干流地点。山洪水文预报要求和方法与普通的洪水预报没多大区别，但是山洪预报应针对山洪特性，侧重掌握沟溪坡度、汇流时间和侵蚀的边界条件变化等。

四、学会保护自己

（一）滑坡来临时的自救

1.山体滑坡自救

遇到山体滑坡时一定要沉着冷静，不要慌乱。如果无法逃生时，要就地抱住树木等物。发生山体滑坡时要做到：

向垂直于滑坡的方向逃离，以最快的速度在周围寻找安全地带。

如果实在无法继续逃离，要迅速抱住身边的树木等固定物体。

遇到山体崩滑时，可以蹲在地沟、地坎里，或者躲避在结实的障碍物下。

一定要注意保护头部，可以利用身边的衣物把头裹住。

另外，水污染、排污系统的破裂和废墟中的尸体能引起疾病的传播，一样可以致命。因此，滑坡发生后要掩埋所有人和动物的尸体。

2.驱车从发生滑坡地区经过时怎么办

如驱车从发生滑坡地区经过时最好掉头找一条较为安全的路线行驶。如果必须经过滑坡发生地区时，要注意路上随时可能出现的各种危险。如掉落的树枝、石头等。还要查看清楚前方道路是否存在沟壑、塌方等，以免发生危险。总之一句话，严密观察，注意安全行驶。

（二）滑坡发生后的注意事项

1.发生滑坡后我们应该怎么做

滑坡发生时，要做到：

不要因为贪财而闯入已经发生滑坡的地区寻找贵重物品，那样会有丧命的可能，要迅速撤退到安全地带。

马上参与营救其他遇险者。

在滑坡危险期没过去之前，不要回到发生滑坡的地区居住，避免第二次发生滑坡造成伤害。

滑坡停止后，不要立刻回家检查情况。如果自己家的房屋远离滑坡，确认安全后，才可以回家。

2.如何选择临时避灾场所

防御滑坡灾害的最佳办法是提前搬迁到安全的场地去。那么我们还面

临以下问题：什么时候搬迁，搬迁到什么场地才安全？

搬迁到易滑坡两侧边界外围，相对比较安全。并且离原居住处越近越好，水、电、交通越方便越好。特别需要注意，不要将避灾场地选择在滑坡的上坡或下坡。要全面、仔细地考察，不要从一个危险区搬迁到另一个危险区。

（三）抢救人或物时注意事项

在抢救被滑坡掩埋的人和物时，要掌握正确的救助方法，坚持以下原则：

将滑坡体后缘的水排开。

从滑坡体的侧面开始挖掘。不要从滑体下缘开挖，因为这样会使滑坡加快。

先救人，后救物。

五、滑坡灾害统计与评估

（一）滑坡灾害统计与评估

2003年11月，我国颁布了《地质灾害防治条例》，明确规定了地质灾害造成的损失和等级确定标准。滑坡、崩塌是地质灾害中的主要灾种。

灾害统计要做到非常精细，要实事求是，不能虚构，不能漏项，力求准确。灾害统计是灾害评估的基础，如果统计不准确，评估就会出现误差。灾害统计主要由人员伤亡、直接经济损失、间接经济损失和社会影响四部分组成。其中，人员伤亡和直接经济损失是《地质灾害预防条例》规定必须统计的内容，间接经济损失和社会影响是对灾害全面分析评估的需要，因此也要统计。

1.人员伤亡

人员伤亡包括因灾害直接受伤的人数和直接死亡的人数。受伤人数和死亡人数要分别统计，不能合起来写伤亡多少人。

（1）受伤人员统计

在统计因灾害直接受伤人数时，轻伤和重伤不光要分开统计，还要按国家有关文件的划分标准进行。

（2）死亡人数统计

因灾害死亡的人数包括灾害发生时死亡的人数以及灾害发生后经过抢救无效死亡的人数。灾害发生后到现场抢险救灾发生伤亡事故的人员，不属于因灾害死亡的人数。

2.直接经济损失

直接经济损失是指滑坡发生过程中对地表房屋等建筑设施、生态、耕地、物质财产和自然人文景观等危害折合成的经济损失。

3.间接经济损失

由滑坡灾害造成的间接经济损失也是多种多样，归纳为以下几种类型：

（1）中断交通带来的损失

国家干线铁路、公路由于灾害断道停运一个小时或者停运一天，都会造成严重的损失，如果停运一个月，可想而知会造成多大的损失。若一条通往山区乡村的公路，因灾断道一个月，就会严重影响外面生产生活物资的运进和乡村农产品的运出，甚至会造成乡镇工矿企业产品积压、停工、停产等损失。

（2）堵断江河带来的损失

堵断江河所带来的损失主要表现在：因灾害堵塞大坝上游的回水淹没乡村、城镇、铁路、公路和其他设施，给上游人民的生产生活带来损失。大坝溃决以后，冲毁下游的桥梁、道路、森林、农田、村庄和城镇，甚至造成人员伤亡，间接损失常常超过直接损失。

（3）毁坏机关、工矿、学校带来的损失

造成机关工作人员无法上班，工矿停工、停产，学生无法上课，其他工作也无法正常进行。

（4）中断通信线路带来的损失

在当今信息时代，人们的生活、生产、游玩都离不开通信，如果损坏了通信线路，带来的影响和间接损失是很大的，如果要说带来多大的损失，统计起来还有一定困难。

4.对社会环境影响

一次大的灾害在社会上会造成很多不良影响，如谣传四起，人心不安，少数人盲目外逃避灾。坏人趁机兴风作浪，治安状况下降，甚至会引起整个社会的不稳定。有些滑坡灾害对自然、生态环境的破坏和影响，几年甚至几十年都无法恢复与重建。文物被毁后无法再生。

5.滑坡灾害等级划分

以前，滑坡等地质灾害的大小，没有统一的划分标准。各地上报的材料，各种各样的形式都有，有隐瞒灾情的，有夸大灾情的。2003年11月，国务院颁布了《地质灾害防治条例》，条例第四条规定，地质灾害按伤亡人数、经济损失大小，划分为四个等级：

特大型灾害：灾害造成直接经济损失1000万元以上，或者死亡30人以上的；

大型灾害：灾害造成直接经济损失500万元以上1000万元以下，或者死亡10人以上30人以下的；

中型灾害：灾害造成直接经济损失100万元以上500万元以下，或者死亡3人以上10人以下的；

小型灾害：灾害造成直接经济损失100万元以下或者死亡3人以下的。

灾害造成的间接经济损失和对社会的影响没有列入灾害分级，这是因为间接的经济损失多数无法准确量化，统计起来有一定的困难；对社会的影响没有统一的评估标准。但是这两部分对灾害的全面分析、评估、抢险救灾和灾后重建意义重大，因此，要详细而准确地统计。举个例子，如一条乡村公路因灾断道，其实灾害本身造成的直接经济损失很小，但断道会影响公路周围居民的生活和生产。因此，应该把抢修公路放在抢险救灾的首位，尽快恢复交通。

（二）山洪灾害评估

1.山洪灾害的调查评估

山洪灾害的调查评估主要由山洪灾害的成因、规模、活动规律和灾情等部分组成。调查评估的目的是为山洪防治提供依据。

山洪和洪水不一样，因此调查工作有其自身特点。调查内容包括山洪发生的时间、过程、历时，气象特征、气候、流域面积、土壤、地形、植被等自然地理特性；沟道、断面测量、洪痕调查、山洪发生时沟道状况；山洪频率的确定；洪水总量及流量的推算；经济情况和社会环境的调查。

山洪发生后，灾情调查进行的越早越好。因为，随着救灾工作的开展以及受灾群众的搬迁，会给调查工作带来很大的困难。调查过程中，有一点需要特别注意：要了解不同层次群众的心理，对群众提供的灾情信息要多方印证，防止夸大灾情，做出不合实际的报告。因为不符合实际情况的报告，会直接影响决策部门抢险救灾措施的制定与实施。

灾情调查评估工作主要内容如下：

（1）灾害发生的时间及区域

有时候，山洪发生时间同灾害发生的时间并不同步，在调查过程中，要将山洪到达时间与成灾时间分开，这样有利于资料的整理和分析，从而对灾害的范围做出

调查。

（2）成灾的表现形式

在调查过程中，应按流域内山洪灾害的表现形式，对各类灾害进行归类。例如，在山洪流经的沟道以及沟岸两侧，主要以冲刷、冲击为主。山洪以其强大的冲击力，破坏农田坝坎以及建筑物，而在坡度陡然变缓地带或流域出口出现淤埋。

（3）人员伤害

在调查过程中，应分别对受伤人数、死亡人数、下落不明的人数做出统计，并详细说明各自的原因及过程。

（4）经济损失

依据以上的调查，可以估算灾害造成的经济损失。经济损失包括直接经济损失和间接经济损失。直接经济损失包括山洪直接摧毁的房屋、农田、牲畜等财产损失，把造成的损失折算成人民币进行计算；间接损失是指因山洪引起的电力、交通中断，设备、厂房受损造成成本增加、误工、停产损失以及合同到期无法完成任务的违约损失等，还包括灾民撤离、疾病预防、灾民抢险、灾后恢复等费用。对间接损失做出精确估算是非常困难的，因此，一般情况下，根据经验或典型实例的调查结果估计出间接损失占直接损失的百分数作为间接损失的估算依据。

2.面对自然灾害我们能做什么

减轻灾害造成的损失是涉及全民的社会性行动。大量事实证明，自然灾害的产生并不完全是自然因素的影响，还有一部分是由于人类活动造成或诱发的。例如，人类破坏森林导致水土流失；工程开挖使边坡的稳定性降低，引起滑坡，工程防洪设施的破坏造成洪灾；过度开采地下水造成地面沉降与地裂缝等。因此，要自觉节制违反自然规律、破坏自然环境的行为；积极学习灾害常识，提高减灾意识；支持国家的各类减灾行动。

科学技术的不断发展，减灾对策的制定，减灾措施的不断完善都为减轻自然灾害提供了有利条件。自觉保护减灾抗灾设施是每个公民义不容

辞的责任，只有提高全民的减灾意识，才能使更多的人在灾害发生时，利用所学到的知识逃过劫难，从而减轻灾害造成的经济损失和人员伤亡。

在长期与灾害作斗争的过程中，我国劳动人民积累了丰富的抗灾、救灾经验，提出了"预防为主，防治结合"的方针。"国家有难，匹夫有责"，为了减轻自然灾害的侵袭，每个公民都要为之做出力所能及的贡献。那么面对自然灾害我们能做些什么呢？

学习各种灾害常识以及防灾、减灾知识。

注意收听国家或地方政府和灾害主管部门发布的灾害信息，不听信灾害谣言。

根据灾害信息的发布，做好个人、家庭的行动准备，保护灾害监测、防护设施。

注意观察周围的自然变异现象，如果条件允许，也可以进行某些测试研究。

如果发现异常现象，不要惊慌，尽快向有关部门报告。

一旦发生灾害，要发扬大无畏精神，帮助别人。

灾害来临前，要做好个人和家庭躲避、抗御灾害的行动安排，选好避灾地点。灾害一旦发生，按原计划进行避灾。

在救灾行动中，首先要切断电、火、煤气等，避免导致次生灾害的发生。

准备一些必备药品，学习一定的医疗救护知识。以便在灾害发生期间，医疗系统不能正常运行的情况下，能及时进行自救和救治他人。

为了减少个人、家庭、企事业单位的经济损失，要充分利用保险公司的防风险、防灾保险。